GUOJIANGHUA
ZHIZUO
JINGJIE

果酱画制作精解

陈洪华　李祥睿　陈　瑜　主编

U0234989

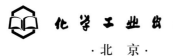
化学工业出版社

·北　京·

内 容 简 介

　　果酱画是用果酱在盛器中描画出各式各样的图案，用来装饰菜点的一种方法。本书首先介绍了果酱画的基本原料、工具、常用技法、调色规律、构图方法、制作步骤等基础知识，然后按照植物类、动物类、其他类的分类，精选了大量常见易学的实例，进行了具体的、详细的制作方法讲解，指导、启发读者的创作思路，使读者能够运用素描、勾勒、涂抹、晕染等技巧制作出精美的果酱画。

　　本书适合餐饮行业从业人员、烹饪专业师生参考，也适合烹饪爱好者自学。

图书在版编目（CIP）数据

果酱画制作精解/陈洪华，李祥睿，陈瑜主编 . —北京：
化学工业出版社，2023.9
　ISBN 978-7-122-43684-9

　　Ⅰ.①果… 　Ⅱ.①陈…②李…③陈… 　Ⅲ.①果酱-装饰
雕塑 　Ⅳ.①TS972.114

　　中国图家版本馆 CIP 数据核字（2023）第 111402 号

责任编辑：彭爱铭 　　　　　　　　　　　装帧设计：史利平
责任校对：王　静

出版发行：化学工业出版社（北京市东城区青年湖南街 13 号　邮政编码 100011）
印　　装：天津图文方嘉印刷有限公司
710mm×1000mm　1/16　印张 7¾　字数 131 千字　　2023 年 9 月北京第 1 版第 1 次印刷

购书咨询：010-64518888 　　　　　　　　售后服务：010-64518899
网　　址：http://www.cip.com.cn
凡购买本书，如有缺损质量问题，本社销售中心负责调换。

定　　价：59.00元 　　　　　　　　　　　　　　版权所有　违者必究

随着国民经济的快速发展和生活水平及生活质量的提高，人们对饮食的追求也日益精进。人们对饮食不仅追求色、香、味、形和质，还追求盘装的艺术之美。

果酱画盘饰是餐饮中非常流行且颇受欢迎的菜点装饰技术，它是用各种果酱在盛器中描画出漂亮的图案，用以装饰菜点的一种方法。果酱画盘饰成本低廉，出品快，可食用亦可观赏，既可作为菜点的点缀，也可作为展台的布置，在提升菜点档次的同时也增强了客人的食欲。

本书对果酱画的概念、特点、原料、工具、常用技法、调色规律、常见线条、构图方法、一般步骤和注意事项等理论知识进行了介绍，同时遴选了大量常见易学的实例进行果酱画制作方法讲解，图文并茂，步骤清晰，容易进行模仿学习。适合作为烹饪职业院校的果酱画教材，也适合于烹饪爱好者自学。

本书由扬州大学陈洪华、扬州大学李祥睿、无锡旅游商贸高等职业技术学校陈瑜担任主编；上海新东方烹饪学校张恒，无锡旅游商贸高等职业技术学校杭东宏、徐晓驰、韦永考、徐子昂，扬州市特殊教育学校陶丽，扬州市旅游商贸学校豆思岚、杨钰洁，浙江省绍兴市上虞区职业中等专业学校陶胜尧担任副主编；

无锡旅游商贸高等职业技术学校秦炳旺、周伟、吴晶、徐锦容、张开伟、张丽、曹亮担任特邀顾问；无锡城市职业技术学院沈言蓓，江苏省相城中等专业学校胡凯杰，江苏省车辐中等专业学校皮衍秋，江苏省宿豫中等专业学校盛红凤，江苏省泗阳中等专业学校牛林娜，扬州市江都区商业学校井开斌，无锡旅游商贸高等

职业技术学校翟欣雨、童心瑶参与了编写工作。

本书在编写过程中，得到了扬州大学、无锡旅游商贸高等职业技术学校和化学工业出版社的支持，在此一并表示谢忱！

陈洪华　李祥睿　陈瑜

2023年2月

目 录

一、果酱画概述

果酱画在现在的餐饮中非常流行，这是一种新的菜点装饰技艺，通过对盘边做出艺术化的处理，使菜点的整个造型更加独特和具有个性，这不仅带给宾客感官上的冲击，还能留给人们更加深刻的品味记忆。

（一）果酱画的概念

果酱画是指利用不同颜色的果酱（如草莓果酱、蓝莓果酱、番茄果酱等）在盛器上画出美化菜点的图案。图案可以是简单的线条花纹，也可以是写意的花鸟鱼虫，或是略带工笔风格的写实花鸟或水墨风格的风景山水。

应该说，果酱画的流行，起源于西餐、西点中酱汁的使用。因为在西餐中，厨师常把用于调味的酱汁淋在盘边形成一定的图案，供客人用餐时蘸食，所以这种酱汁是具有调味和美化菜点两种功能的，而中餐厨师则习惯把酱汁浇淋在菜肴上（其功能主要是调味）。随着西式盘饰的流行，越来越多的中餐厨师看中了酱汁的这种装饰功能，不断探索，不断研究，并尝试调制出了各种酱汁酱料，花样越来越多，技法也越来越成熟，所以才使果酱画制作在当今的餐饮业中大为流行。

一般果酱画会根据菜点的颜色和形状选择构图，再根据个人的水平，可繁可简，灵活多变，然后根据图案的意境重新构图，这样就为菜点的装盘拓展了空间，在提高菜点质量的同时，也给人们带来视觉与味觉的双重冲击。

（二）果酱画的特点

果酱画相较于传统的用花卉装饰、果蔬雕刻、水果拼盘等盘饰存在如下特点。

1. 节约时间，快捷方便

果酱画设计立足于实用、快捷，制作时间短。一幅作品大多在 2 分钟左右完成，只要掌握花鸟虫鱼等的特点，做到形似即可。

2. 成本低廉，节省原料

绘制一幅果酱画作品成本只需要几分钱，降低了酒店的运营成本，与鲜花装饰、果蔬雕花相比，成本较低。

3. 色彩丰富，表现力强

果酱画的主要原料是水晶果膏，淡淡的果香味加上多种色彩使菜点绚丽高雅，光泽感强，更具有表现力。

4. 简单易学，容易上手

果酱画的主要绘画方式采用的是手抹法、勾描法、涂抹法等。由于简单易学，只要掌握基本的技法就能完成一幅精美的作品。

（三）果酱画的原料

果酱画的原料一般为有黏性、呈流质状的酱体或膏状，常见的原料有以下几种。

1. 酱类

酱类主要有各色果酱、沙拉酱、巧克力酱等。其中最常用的原料是各色果酱，也叫水晶镜面果膏，有无色的，买后自己调色，也有调好各种颜色的。这种果酱的好处是稠度适宜，线条顺畅，光亮度好，有一种水晶透明的感觉。其次是沙拉酱，加上食用色素调成各种颜色后，做出的果酱画色彩浓烈，对比度好，覆盖力强；最后还有巧克力酱，又称朱古力膏，呈棕黑色，具有味道甜滑、稠度适宜、黏性较大等特点。

2. 食用色素

市场上的油溶性色素和水油兼容性色素均可，必须是食品级的，切不可使用广告画颜料、丙烯颜料等非食用的原料。

3. 自制酱汁

根据具体使用情况，厨师可以自行调制布朗汁、番茄汁、黑醋汁、黑椒汁、红酒汁、鲍鱼汁、草莓汁、柳橙汁、菠菜汁等，掌握稠度与黏性即可。

（四）果酱画的工具

1. 果酱画壶

也叫酱汁壶或酱汁瓶，这是画果酱画最常用的工具，它分为果酱壶和挤酱头两个部分。果酱壶用于盛装果酱、沙拉酱、巧克力酱，或自制酱汁等流质原料；挤酱头有粗细不同的型号，可以调换，能画出粗细不同的线条，使用起来很方便，可以用于勾线或填涂。

2. 画笔

主要在盘中描画一些植物和动物的细节或书写文字等。

3. 酱汁笔

又称画盘笔，在西餐盘饰中应用较多，适于绘制各种图案。

4. 裱花袋

主要用于盛装各色果酱、沙拉酱和巧克力酱等。可以挤出各种线条或勾画图案等。

5. 棉签

棉签在绘制果酱画时可以用于涂抹花瓣、树叶等，或用于涂擦修整图案。

6. 牙签

使用尖端绘制一些精细的松针、花蕊等。

（五）果酱画的常用技法

绘制果酱画的常用技法有挤、点、抹、推、画、勾、描、涂等。

1. 挤

用手握住酱汁瓶用力均匀地挤压。

2. 点

挤的时候点一个点或若干个点，常用于绘制水滴、葡萄、花瓣等，或用于背景的点缀。

3. 抹

用手指或棉签自上而下涂抹。

4. 推

用手指或棉签自下而上涂抹。

5. 画

用果酱画壶或画笔画出主题的轮廓。

6. 勾

用果酱画壶或画笔勾画一些主题的细节部分，如树叶、树枝、鸟羽毛等。

7. 描

用果酱画壶或画笔绘制一些图案。

8. 涂

用果酱画壶或画笔抹在图案的内部。

其实在果酱画造型中，挤、点、抹、推、画、勾、描、涂等技法与写意画技法有很多相似之处，这是由果酱画的材料、工具特点以及作画时间所决定的。果酱黏稠，在瓷盘上反复摩擦会使其失去光泽，利用指腹、手掌等部位果断地抹出大面积造型，摒弃某些局部描写，是最常用的技法，如荷叶、葫芦、小鸟翅膀等造型表现，会给人以奔放又浑厚的视觉感受。这些技法，既避免了严谨的造型、准确的透视、写实的光影给学生带来的绘画难度，又概括、简练、迅速地表现了物象。

（六）果酱画的调色规律

果酱画原料的色彩其实是有限的，对于一些特殊色彩可以通过调色技巧来完成，具体可以参照以下调色规律：

基本色　红　黄　蓝　红　黄

二次色　　橙　绿　紫　橙

二次色　　　橄榄　灰　棕褐

（七）果酱画的常见构图

1. 果酱画的常见线条
（1）直线
常见的有单直线、双直线和放射性直线等几种（图1、图2）。

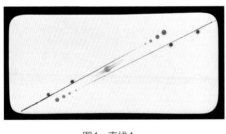

图1　直线1

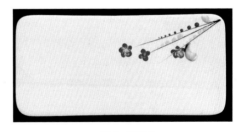

图2　直线2

（2）弧线
弧线是一些弯曲的线条，它可以将一些小花、小草串联在一起，形成装饰效果（图3）。
（3）折线
折线是像弹簧一样规律地向外延伸，简洁大方（图4）。

图3 弧线图

图4 折线图

（4）S线

根据具体的装饰要求在盘中画出S线条，在空白处进行装盘（图5、图6）。

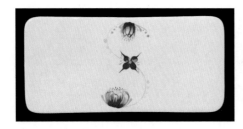

图5 S线1

图6 S线2

（5）螺旋线

螺旋线往往以藤蔓的效果呈现在盘中，配合一些瓜果、蔬菜等形状进行点缀（图7）。

（6）交叉线

交叉线是利用直线进行交叉，加以点缀后进行装饰（图8）。

图7 螺旋线

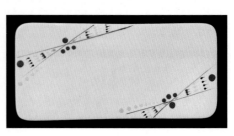

图8 交叉线

2. 果酱画的构图方法

（1）盘角构图

在盘子的一角勾画一些简单的图案或花花草草进行点缀（图9、图10）。

（2）盘边构图

在盘子的一边勾画一些简单的图案进行点缀（图11、图12）。

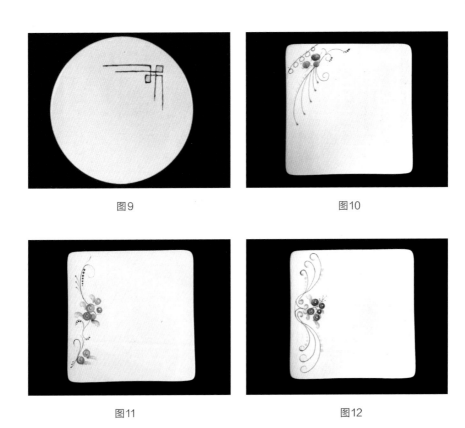

图9　　　　　　　　　　　　　图10

图11　　　　　　　　　　　　　图12

（3）对角构图

在盘子的对角线上进行勾画点缀（图 13、图 14 ）。

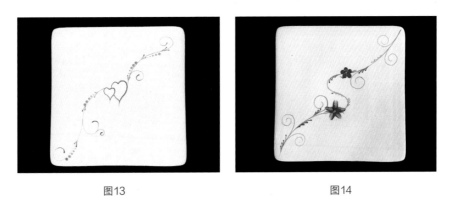

图13　　　　　　　　　　　　　图14

（4）居中构图

在盘子的中央位置进行定位，描画图案点缀（图 15、图 16 ）。

（5）环角构图

在盘子的对角勾画图案，呼应装饰（图 17、图 18 ）。

图15

图16

图17

图18

（八）果酱画的一般步骤

果酱画的一般步骤有：定位——描画——上色——点缀——完成。

（九）果酱画的注意事项

果酱画的注意事项主要有以下几点：

① 通常选择白色瓷盘，盘子的形状根据具体情况选定。

② 选择大品牌的果酱等材料，颜色纯净，黏稠度适中，便于勾画图案。

③ 具体小工具的选择以操作人顺手习惯为宜。

④ 整个操作过程要按照食品安全卫生规范去做。

⑤ 图案宜选择简洁大方、易于描画的作品，要契合菜点的意境。

二、果酱画制作案例

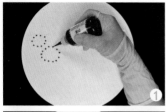

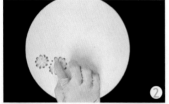

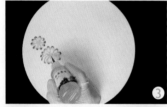

（一）植物类果酱画

雏菊花语

1. 定位。用橙红色果酱在盘子的一侧圈点定位（图1）。

2. 花瓣。用手指头向内圆心处涂抹，做成花瓣（图2）。

3. 花蕊。用黄色果酱点上黄色花蕊（图3），黑色果酱勾上黑色蕊点（图4）。

4. 绿叶。用绿色果酱勾画绿叶的位置（图5），用手指涂抹（图6）。

5. 枝干。用褐色果酱勾画枝干（图7），勾画绿叶的叶脉（图8），再补上花蕾（图9）。

6. 成品（图10）。

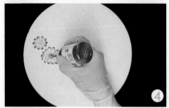

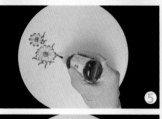

春梅盛开

1. 定位。用粉红色果酱或玫红果酱在盘子的一侧圈点定位（图1）。

2. 花瓣。用手指头向内圆心处涂抹，做成花瓣（图2）；重复步骤1、步骤2（图3、图4）。

3. 花蕊。用黄色果酱点上黄色花蕊（图5），黑色果酱勾上黑色蕊点（图6）。

4. 枝干。用黑色果酱勾画枝干（图7），用绿色果酱点上叶芽（图8），用粉色果酱点上花蕾（图9）。

5. 成品（图10）。

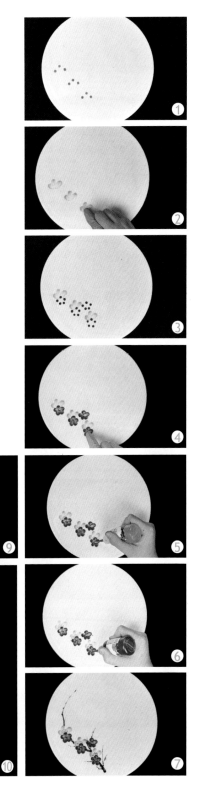

分染牡丹

1. 白描。在白色平盘上用黑色果酱描画出两朵牡丹和枝叶（图1）。

2. 上色。将粉红色果酱用棉签润染花瓣，然后再用红色果酱涂抹花瓣根部（图2），用棉签继续润染花瓣（图3）；用同样的方法润染其他花瓣（图4），用深红色果酱润染花瓣根部（图5），花蕊中心用黄色果酱涂抹（图6），再用黑色果酱勾勒出花蕊（图7）。

用同样方法涂抹出另一朵牡丹花（图8），用黑色果酱勾勒出花蕊（图9）。

用草绿色果酱涂抹牡丹叶子（图10），另配合墨绿色果酱润染叶子根部（图11），用黑色果酱勾勒出叶脉（图12）。

用黑色果酱描画枝干部（图13），再用褐色果酱描画上色（图14），用黑色果酱点上枝瘤。

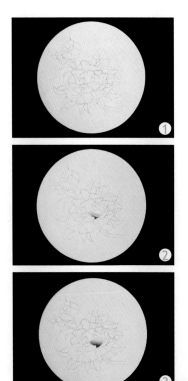

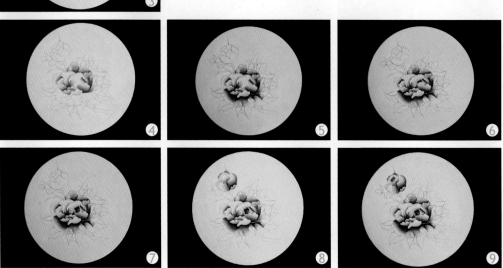

3. 成品（图15）。

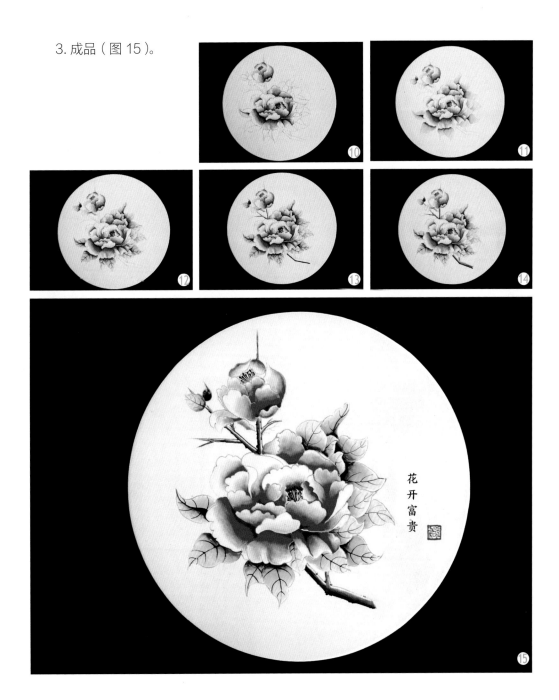

粉色玫瑰

1.定位。用玫红果酱在盘子一侧圈点定位（图1）。

2.花瓣。用手指头向内圆心处涂抹，做成花瓣雏形（图2），用黑色果酱勾画出花瓣（图3）。

3.绿叶。用草绿色果酱点上绿叶定位（图4），用手指涂抹出叶片（图5）。

4.枝干。用草绿色果酱画出枝干（图6），用深绿色果酱画出叶子，涂抹出叶片，勾画出叶脉（图7）。

5.成品（图8）。

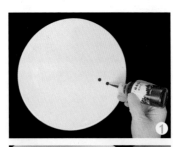

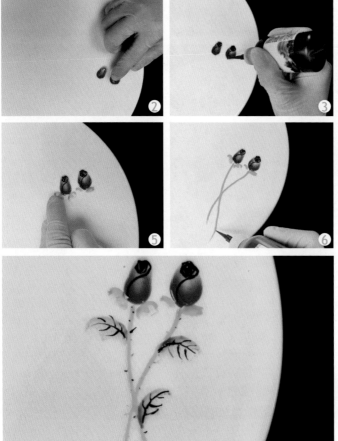

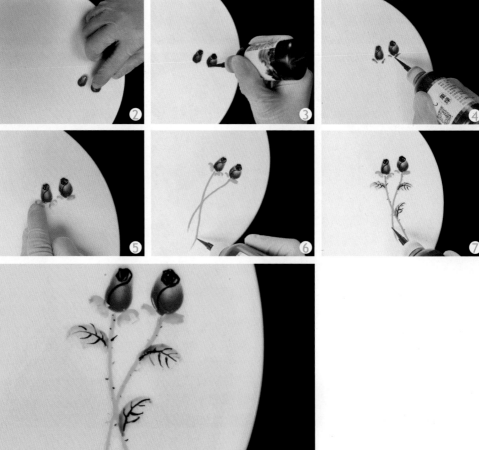

粉色月季

1. 定位。用玫红色果酱勾画月季的花瓣线条（图1）。

2. 花瓣。用手指头向内圆心处涂抹，做成一圈花瓣（图2）；重复上述步骤，做出月季其他的花瓣（图3、图4）。

3. 花蕊。用黄色果酱勾画出花蕊（图5），再用黑色果酱勾画出黑色蕊芯（图6）。

4. 绿叶。用墨绿色果酱点画出绿叶定位（图7），用手指涂抹出叶片（图8），最后用黑色果酱勾画出叶脉（图9）。

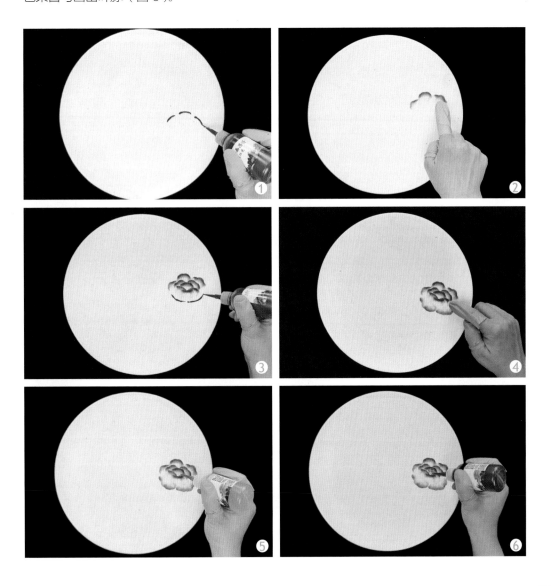

5. 枝干。用黑色果酱画出枝干，再用玫红色果酱点画出花蕾（图10）。

6. 成品（图11）。

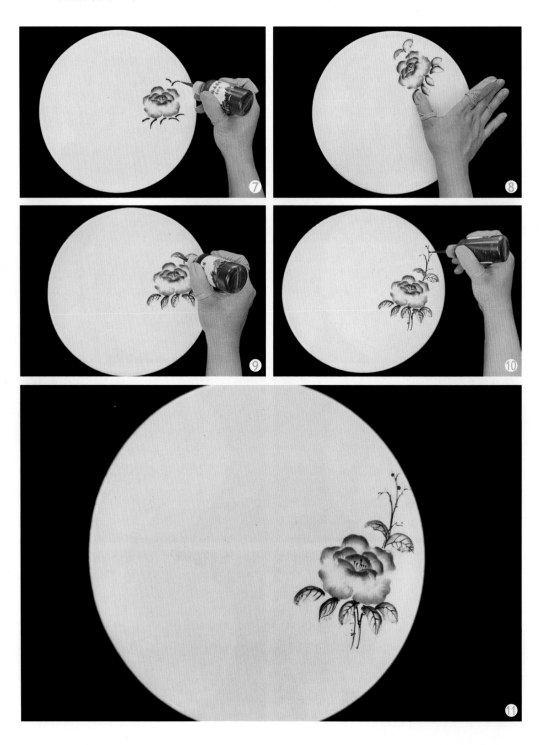

荷包牡丹

1. 定位。用墨绿色果酱勾画荷包牡丹的花茎线条（图1）。

2. 花瓣。在线条下面用红色果酱点上一排花瓣的点点（图2），用棉签向内圆心处涂抹，做成一组花瓣（图3）；再用红色果酱勾出花瓣的瓣尖（图4）。

3. 花蕊。用黄色果酱勾画出花蕊（图5），再用绿色果酱勾画出花柄（图6）。

4. 绿叶。用墨绿色果酱点画出绿叶定位（图7），再用草绿色果酱涂抹叶片（图8）。

5. 成品（图9）。

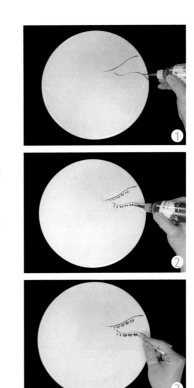

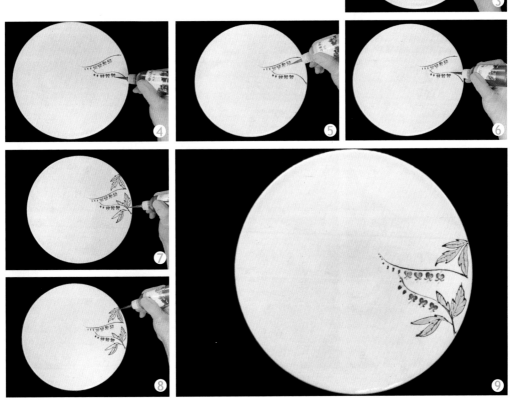

荷荡双绝

1. 定位。用墨绿色果酱勾画荷叶的线条（图1）。

2. 荷叶。用棉签向内圆心处涂抹，做成一组荷叶（图2）；勾画出荷茎（图3）。

3. 荷花。用黑色果酱勾画出三朵荷花（图4、图5）；然后用粉红色果酱将荷花花瓣润色（图6），用草绿色果酱和枯黄色果酱润色莲蓬（图7）；用黑色果酱勾出莲蕊（图8）。

4. 水波。用天蓝色果酱定位数个蓝点（图9），用手指涂抹呈水波（图10）。

5. 双鱼。用黑色果酱和橙红色果酱画出两条鱼的轮廓和漂浮的花瓣（图11），继而描出鱼的形象（图12），题上"荷"字（图13）。

6. 成品（图14）。

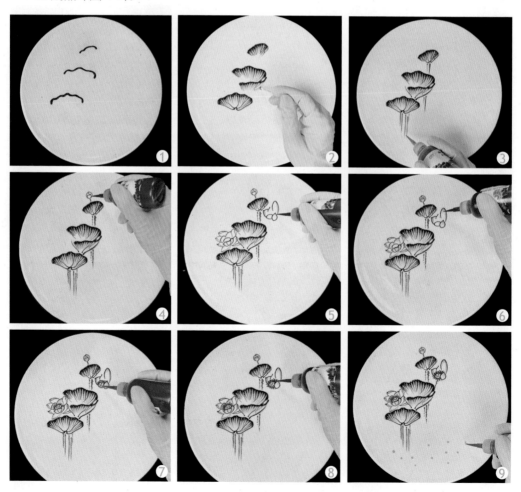

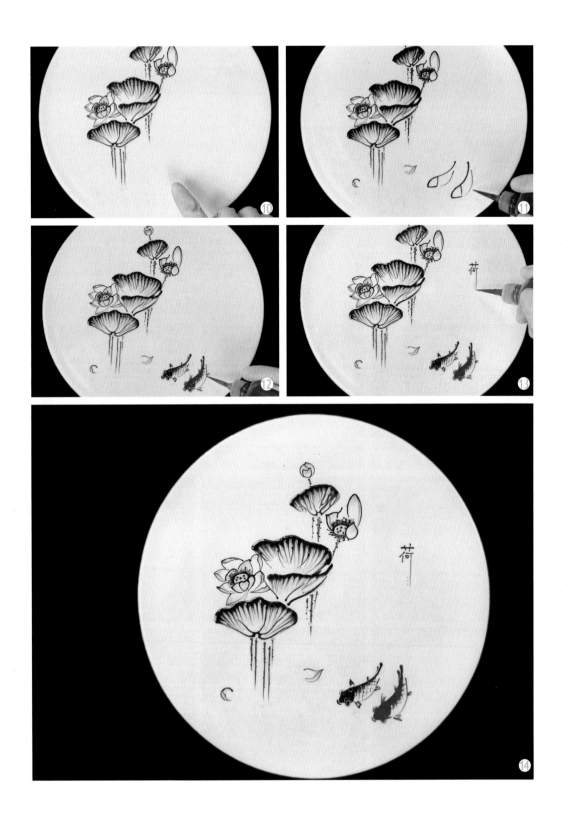

荷塘夏韵

1. 定位。用玫红色果酱点出三个红点定位（图1）。

2. 荷花。用手指向内圆心处涂抹，做成荷花花瓣（图2），如法做出数个花瓣，用红色果酱勾出花瓣的尖部（图3），用黄色果酱点上花蕊（图4），再用绿色果酱在花蕊部位润色（图5）。

3. 荷叶。用灰色果酱画出荷茎（图6），同时用黑色果酱画出荷叶定位（图7），用手指向上进行涂抹（图8），用黑色果酱勾勒出荷叶的叶脉（图9），画出荷茎和水草（图10）。

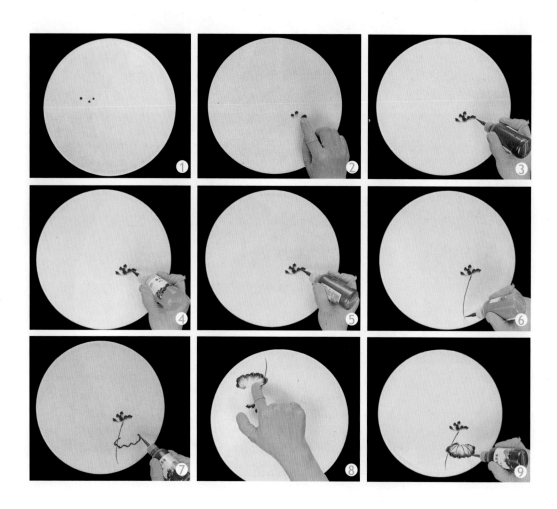

4. 小鸟。在荷茎的上面画出一只小鸟的轮廓（图 11），用天蓝色果酱给小鸟着色（图 12）。再写上字，画出印章。

5. 成品（图 13）。

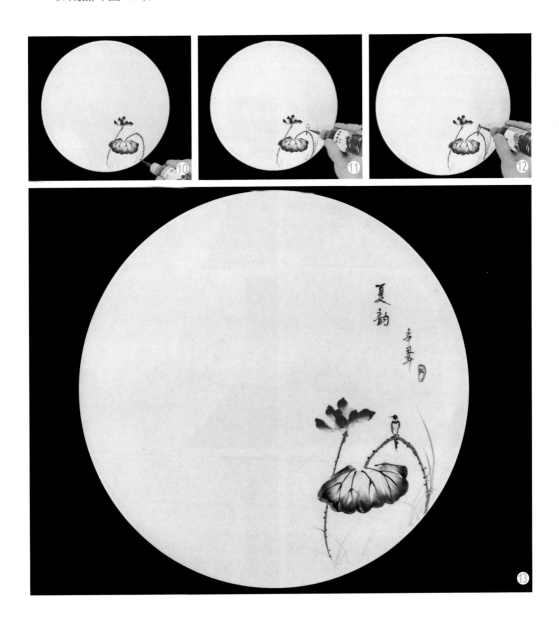

蝴蝶兰开

1. 定位。用墨绿色果酱挤出五个定位点（图1）。

2. 绿叶。用手指向内圆心处涂抹，做成五个叶片（图2），用墨绿色果酱勾画叶片的边缘（图3），再用黑色果酱润出叶片的边缘和叶脉（图4）。

3. 花朵。用红色果酱点出花朵的定位（图5），用手指逐一涂抹出花朵（图6），然后用墨绿色果酱画出花茎（图7），再画出红色、绿色花蕾（图8）。

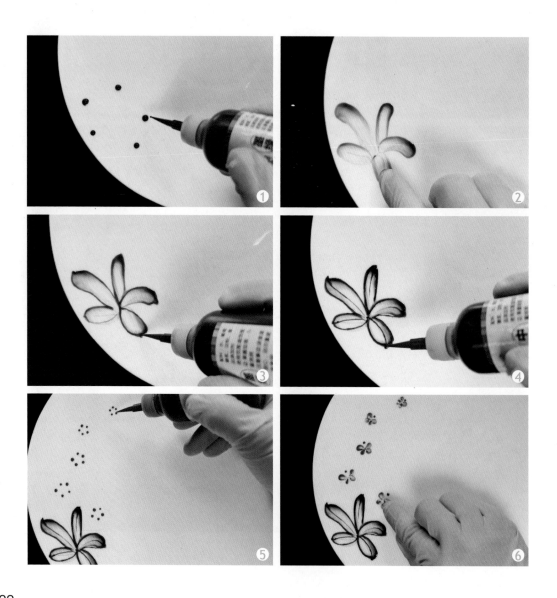

4. 花蕊。用白色果酱点出花蕊（图9），再用深黄色果酱将花蕊润色（图10）。

5. 成品（图11）。

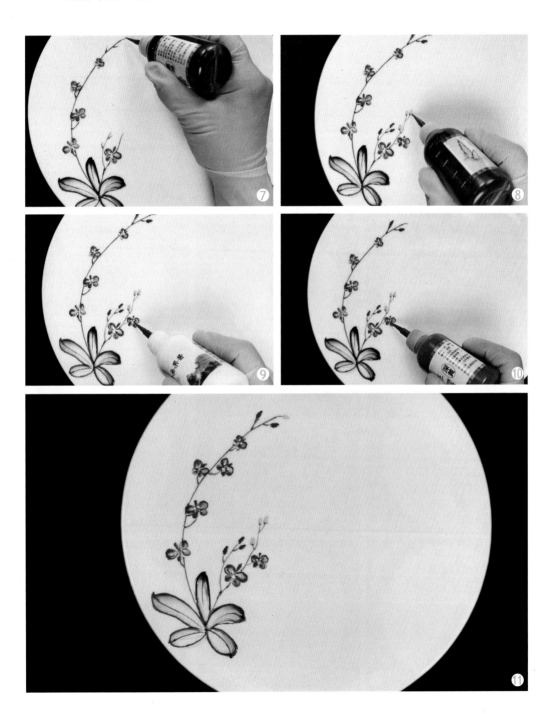

红花绿叶

1. 定位。用玫红色果酱画出花瓣定位（图1）。

2. 花朵。用手指向内圆心处涂抹（图2），用玫红色果酱勾一个边，做出一朵花（图3）；照样做出另一朵花（图4），涂出花托。

3. 花蕊。用黄色果酱勾画出黄色花蕊（图5），再用黑色果酱勾出黑色花丝（图6）。

4. 绿叶。用绿色果酱画出绿叶定位（图7），用手指涂抹出绿叶（图8），用黑色果酱勾出叶脉（图9）。

5. 枝干。用黑色果酱画出枝干（图10），用玫红色果酱描出花蕾（图11）；然后用棉签涂抹枝干（图12），再用黑色果酱勾出枝干（图13）。

6. 成品（图14）。

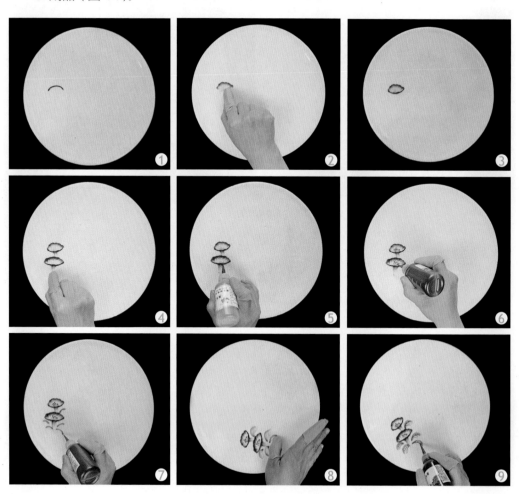

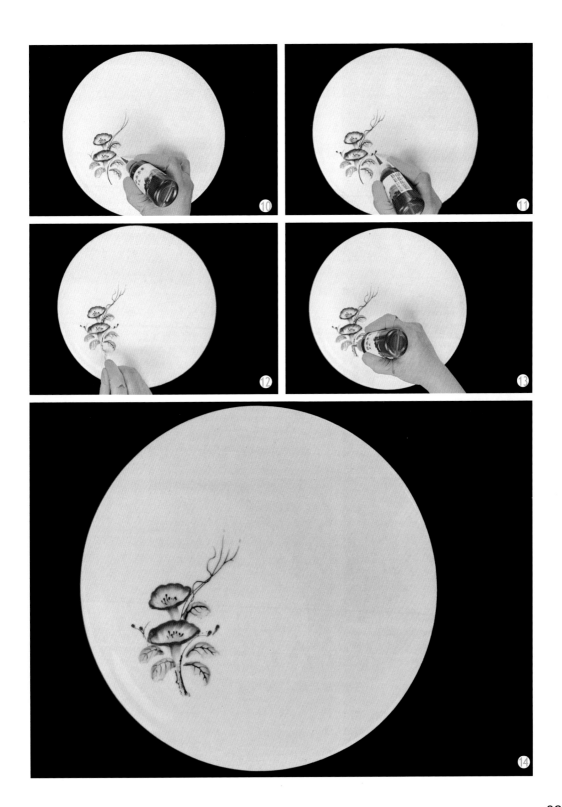

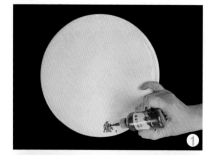

蕙质兰心

1. 定位。在盘子的一侧，用褐色果酱涂出石头定位（图1）。

2. 石头。用手指随意涂抹（图2），再用黑色果酱勾勒出石头的边与缝隙（图3）。

3. 兰花草茎。用绿色果酱画出兰花的线条，用褐色果酱画出枝条（图4）。

4. 兰花花朵。用玫红色果酱画出一串兰花花朵（图5）。

5. 成品（图6）。

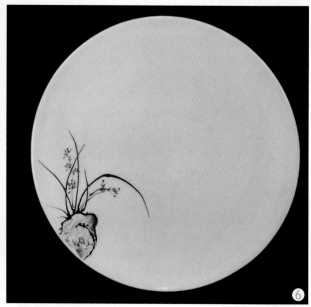

百合花美

1. 定位。在盘子的一侧，用紫色果酱点出三个点定位（图1）。

2. 花朵。用手指向外均匀涂抹出三片花瓣（图2），再用细毛笔拉出花瓣的纹路（图3）；继续在两个花瓣之间挤出点点（图4），重复之前的动作涂抹出另外三个花瓣，并用紫色果酱描边（图5）。

3. 花蕊。用黑色果酱画出康乃馨的花蕊（图6），用白色果酱点在黑色花蕊的顶端（图7），用紫色果酱在花瓣上零散地点上一些斑点（图8）。

4. 花茎和叶。用绿色果酱画出花茎和叶条（图9），用手指将叶拉长拉宽（图10），用黑色果酱描出叶片的边缘（图11）。采用以上方法，在盘中做出另一朵百合花。

5. 成品（图12）。

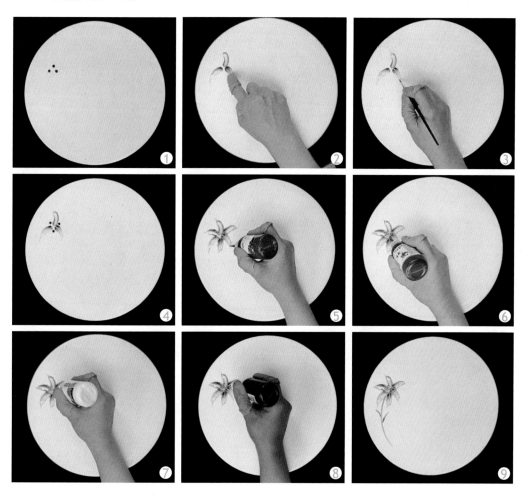

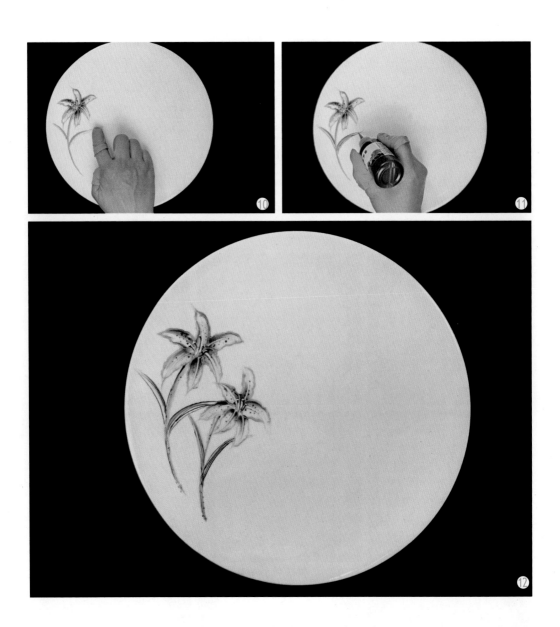

蓝蝴蝶梦

1. 定位。在盘子的一侧，用紫色果酱先挤出几组点定位，再用蓝色果酱点在紫色果酱的点上（图1）。

2. 花朵。用棉签向内对称地涂出蝴蝶翅膀状的花瓣（图2）。

3. 花茎。用墨绿色果酱勾勒出花茎，将花朵串起（图3）。

4. 花叶。用墨绿色果酱画出叶条（图4），用手指将叶条涂抹成叶片（图5）。

5. 花蕊。用白色果酱、黄色果酱点出花蕊，用绿色果酱画出花蕾（图6）；再用蓝色果酱画出花朵的柱头和花丝（图7）。用黑色果酱写上字，用红色果酱画出印章。

6. 成品（图8）。

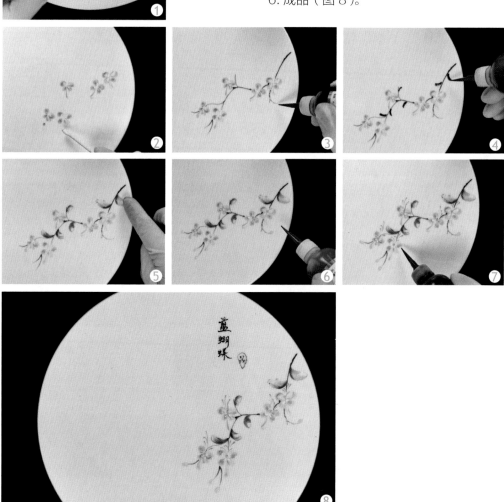

凌波仙子

1. 定位。在盘子的一侧，用墨绿色果酱先画出几组线条定位（图1）。

2. 花茎。用棉签顺着线条的走向涂成宽叶状（图2），用黑色果酱勾勒出宽叶的轮廓（图3）。

3. 花朵。用白色果酱挤出一些点组成花瓣初步的外形（图4），用棉签向圆心中间涂抹，形成花瓣（图5），再用黑色果酱勾勒出花瓣的轮廓（图6），用深黄色果酱画出花蕊（图7），用浅绿色果酱勾出花茎（图8）。

4. 石头。用黑色果酱画出石头的轮廓（图9），用棉签涂抹润色（图10），用墨绿色

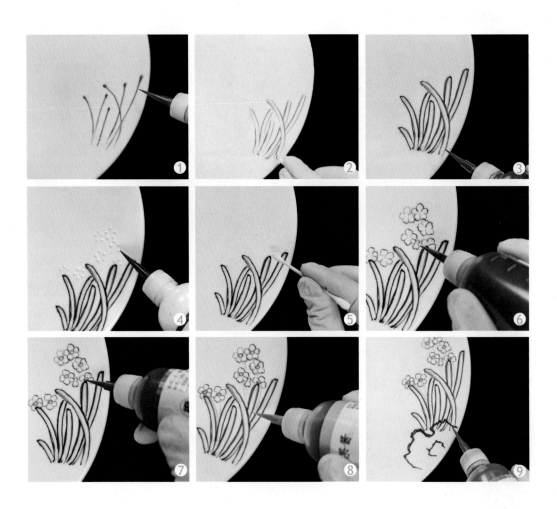

果酱在石头上画一些小草（图11），用深红色果酱点出花蕾（图12）。用黑色果酱题上"凌波仙子"，用红色果酱画出印章。

　　5.成品（图13）。

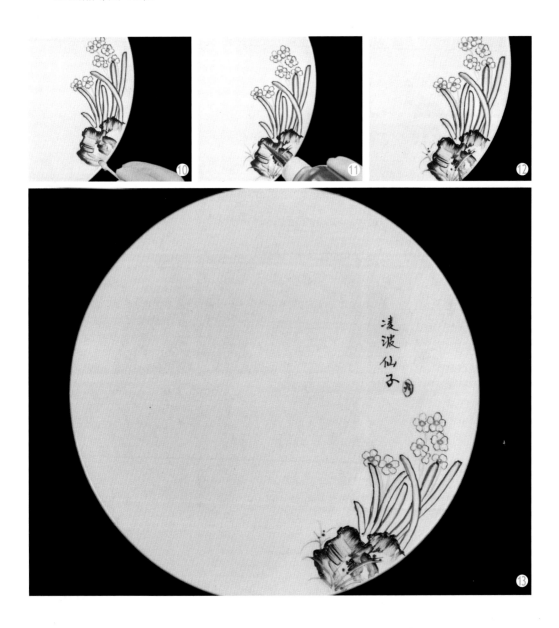

凌霄花开

1. 定位。在盘子一边用枯黄色果酱画出凌霄花的轮廓（图1）。

2. 花朵。然后用手指向内圆心处涂抹形成花瓣（图2）；再用同样的方法，勾画出其他几朵花瓣，画出花柄，用红色果酱勾画出花脉（图3），用绿色果酱勾出花托（图4）。

3. 花叶。用黑色果酱勾出花蕊。用绿色果酱画出绿叶（图5），用手指涂抹出绿叶的形状，并用绿色果酱再勾画一下轮廓（图6）。

4. 枝干。用小画笔勾画出枝蔓外形（图7），用绿色果酱给枝蔓上色（图8）。

5. 成品（图9）。

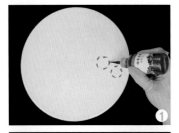

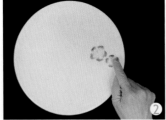

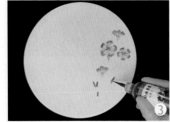

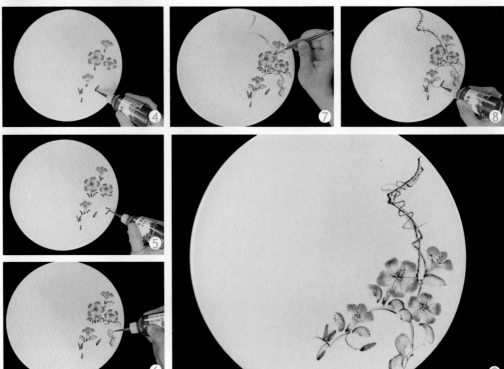

墙角梅花

1. 定位。在盘子的一侧，用黑色果酱先画出几根树枝线条定位（图1）。

2. 树枝。用棉签顺着线条的走向涂成粗枝状（图2），用黑色果酱勾勒出细细的树枝（图3）。

3. 花朵。用红色果酱在树枝上画出定位梅花的几组点（图4），用棉签向内圆心涂出花瓣（图5）。

4. 花蕊。用黄色果酱点出梅花的黄色花蕊（图6），再用黑色果酱勾出数根花丝（图7）。

5. 补枝和花蕾。用黑色果酱补上一些树枝（图8），再用红色果酱补上一些花蕾（图9），个别花蕾用棉签润开（图10），再补上一些小花蕾（图11）；树枝中间用黑色

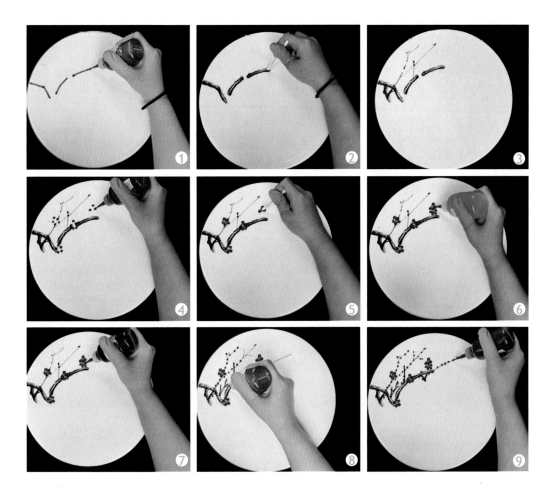

果酱润色（图12）。用黑色果酱题字，用红色果酱画出印章。

6.成品（图13）。

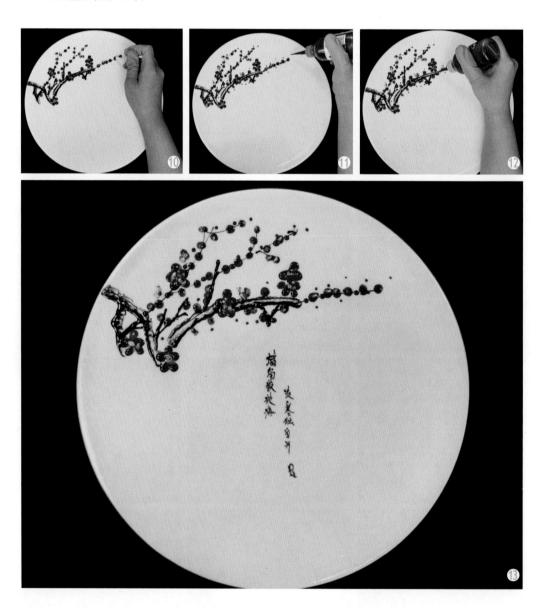

双菊相映

1. 定位。在盘子的一侧，用细笔沾上枯黄色果酱画出菊花花瓣定位（图1）。

2. 花朵。继续补上黄色菊花的花瓣（图2），用黑色果酱勾出花丝（图3）；用细笔再沾上紫色果酱画出紫色菊花（图4），用黄色果酱点出花蕊（图5），再用黑色果酱勾出数根黑色花丝（图6）。

3. 花茎和叶。用黑色果酱勾出花茎，用绿色果酱点上绿叶的定位（图7），用手指涂出绿叶片（图8），再用黑

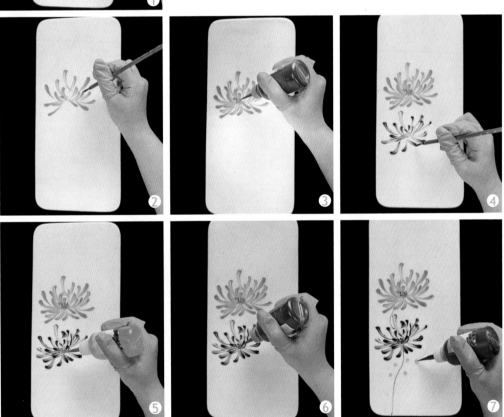

色果酱勾出叶脉（图9），把绿叶与花茎连在一起（图10）。用黑色果酱题字，用红色果酱画出印章。

4. 成品（图11）。

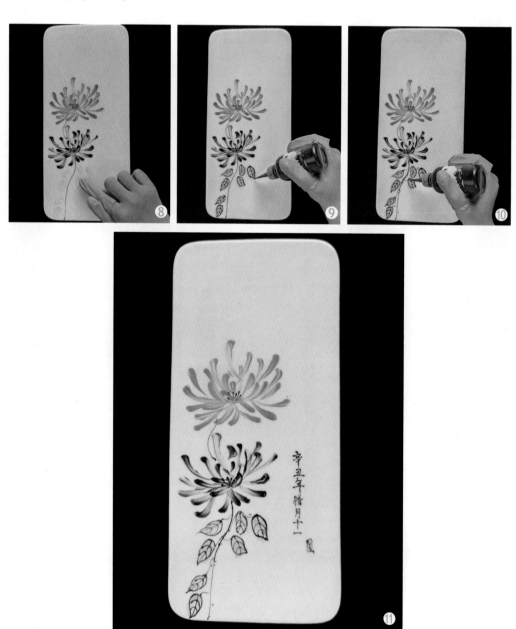

桃花朵朵

1. 定位。在盘子的一侧，用黑色果酱画出桃枝定位（图1）。

2. 桃枝。用手指将桃枝涂染（图2），再用黑色果酱将桃枝勾勒出轮廓（图3），然后擦去一段桃枝为画桃花留空（图4）。

3. 桃花。将玫红色果酱在桃枝空处点上花瓣点定位（图5），用棉签向内圆心涂抹出花瓣（图6）。

4. 花蕊。用枯黄色果酱点上桃花花蕊（图7），再用黑色果酱勾出黑色花丝（图8）。

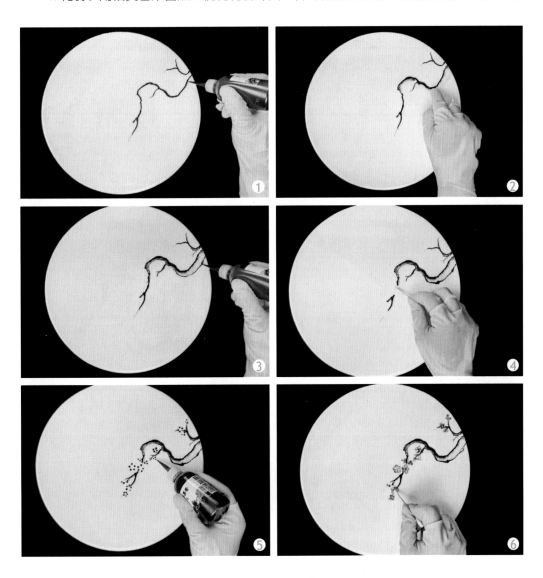

5.桃叶。用细笔沾上墨绿色果酱画上桃叶（图9），用玫红色果酱点出桃花花蕾，再用黑色果酱画出花托（图10）。在花旁边画上一只蝴蝶。

6.成品（图11）。

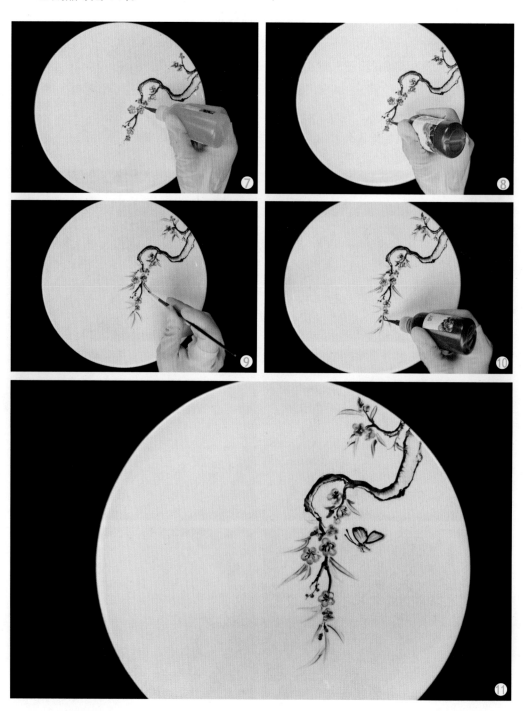

福寿吉祥

1. 白描。在盘子中用黑色果酱画出佛手的构图（图1）。
2. 花朵。用深黄色果酱打底，再用浅黄色果酱将花朵润色（图2）。
3. 绿叶。多数花叶用浅绿色果酱润色，个别花叶用墨绿色果酱润色。
4. 花枝。用褐色果酱填涂花枝（图3）。
5. 题字和印章用黑色果酱题字，用红色果酱画出印章（图4）。
6. 成品（图5）。

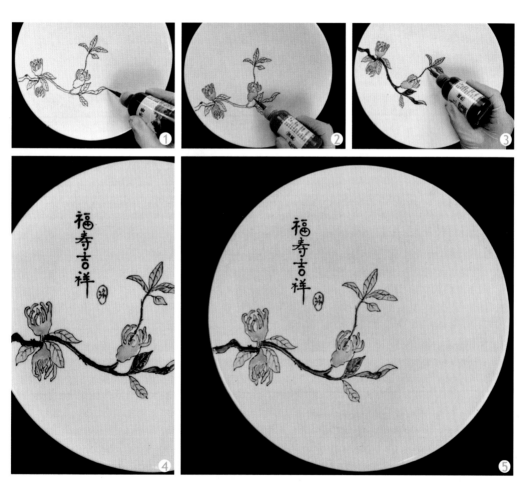

杏花争艳

1.定位。在盘子一侧画出花茎定位（图1），擦去一段花茎为花朵留空（图2）。

2.花朵。用玫红色果酱点出花朵的位置（图3），用手指向内圆心涂抹出花瓣（图4、图5）。

3.花蕊。用玫红色果酱画出花蕊的轮廓（图6），再用黄色果酱画出花蕊（图7），最后用黑色果酱勾勒出黑色花丝（图8）。

4.花叶。用墨绿色果酱画出绿叶的线条（图9），用手指涂抹出绿叶（图10），用黑色果酱画出绿叶的叶脉（图11）。

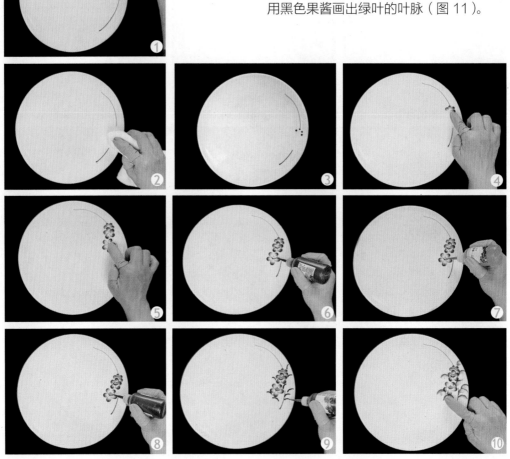

5. 树枝。用黑色果酱画出树枝（图12），用红色果酱点出红色花蕾（图13）。

6. 成品（图14）。

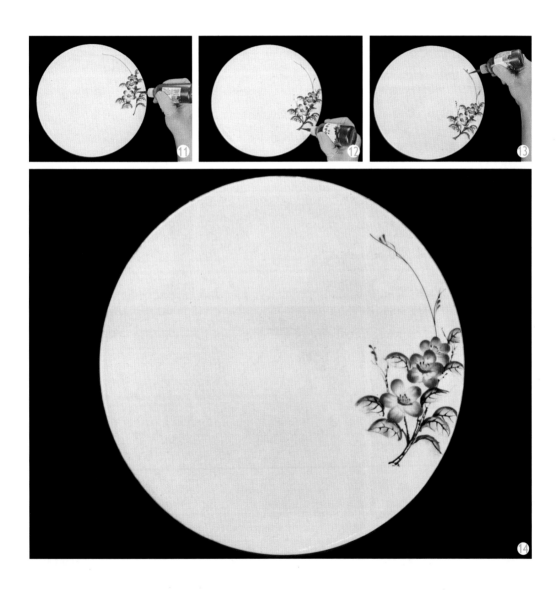

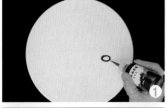

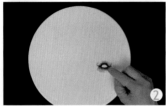

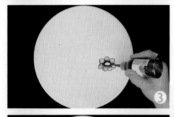

幸福格桑

1. 定位。在盘子一侧用玫红色果酱画出圆圈定位（图1）。

2. 花朵。用手指涂抹出花朵（图2），用黑色果酱勾勒出花朵的轮廓（图3）。

3. 花蕊。用黄色果酱涂出花丝（图4），再用黑色果酱勾勒出黑色花丝（图5）。再画出另外一朵花和一个花蕾（图6），用墨绿色果酱画出花托（图7、图8）。

4. 花枝。用墨绿色果酱画出绿色花茎（图9），再画出一些枝叶。

5. 成品（图10）。

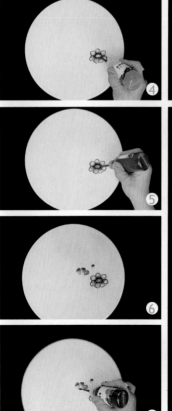

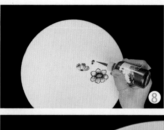

紫色玉兰

1.白描。在盘子一侧用黑色果酱画出玉兰花的构图，用绿色果酱画出一些花托（图1）。

2.花朵与叶。用玫红色果酱润色花瓣（图2），用深红色果酱润色花瓣的尖部（图3），用草绿色果酱画出绿叶。

3.花蕊。用深黄色果酱勾勒出花蕊。

4.蝴蝶。用果酱画出一只蝴蝶（图4）。

5.成品（图5）。

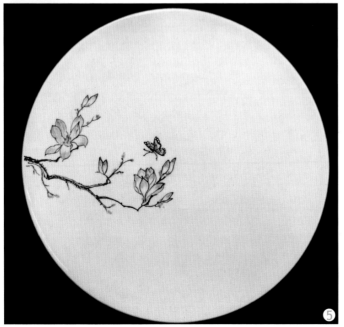

草莓之约

1.定位。在盘子一侧用红色果酱点出草莓的定位（图1）。

2.草莓。用手指向下涂出草莓的大小和形状（图2），用绿色果酱画出草莓果蒂（图3）。

3.绿叶。用墨绿色果酱点出绿叶位置定位（图4），再用手指涂抹出三片绿叶（图5），用绿色果酱勾勒出叶脉和绿叶的边缘（图6）。

4.果茎。用绿色果酱画出果茎勾连绿叶和草莓（图7）。

5.莓点。在草莓果的表面用黄色果酱点上规律的点（图8），然后在黄色的莓点边点上黑色果酱点（图9）。

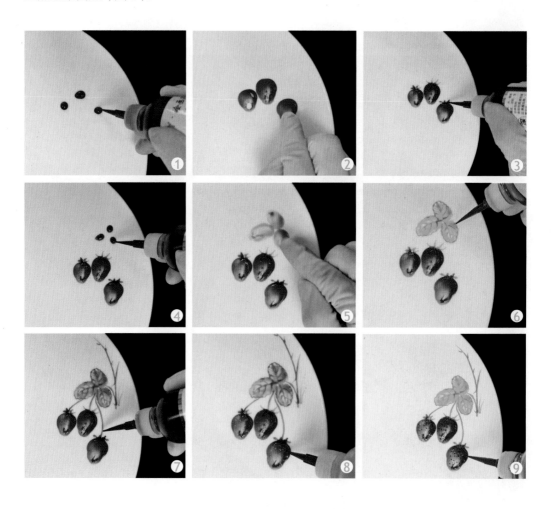

6. 土壤。用黑色果酱涂上土层（图 10），用手指涂一下润色（图 11）。

7. 成品（图 12）。

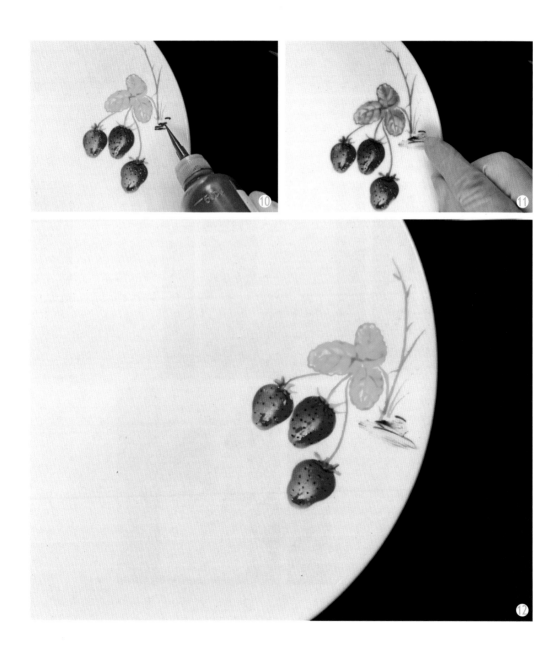

橘子飘香

1. 定位。在盘子一侧用红色果酱涂出橘子的定位（图1）。

2. 橘子。在橘子旁边再点上黄色果酱（图2），继续涂抹出另一个橘子（图3），用墨绿色果酱画出橘子蒂（图4）。

3. 果枝。用黑色果酱画出橘子果枝（图5、图6）。

4. 橘叶。用墨绿色果酱点两个点（图7），用手指涂抹出橘子叶（图8）。

5. 橘花。用红色果酱点上橘子花定位（图9），再用棉签涂出橘子花（图10），用黄色果酱点出花蕊（图11）。

6. 成品（图12）。

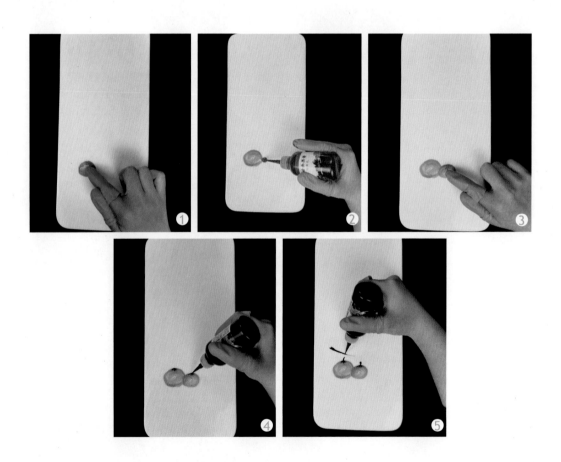

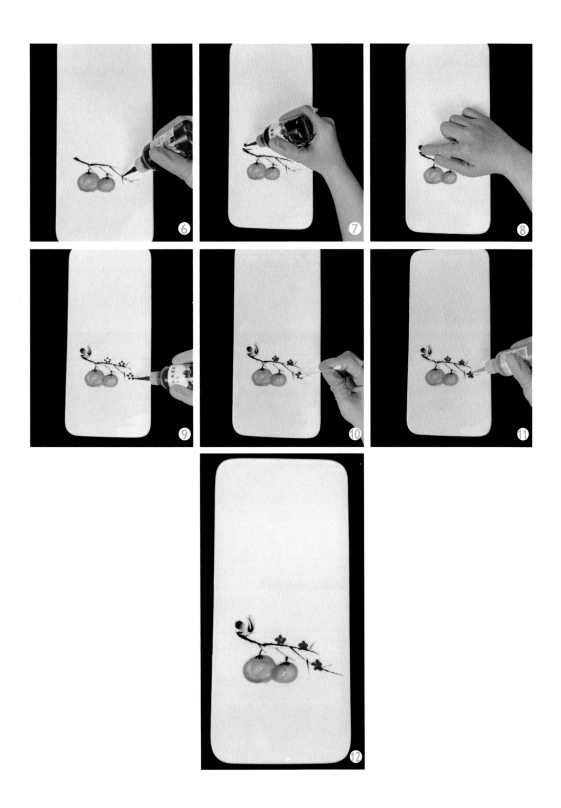

枇杷熟了

1.定位。在盘子一侧用橙红色果酱点出枇杷的定位，在橙红色果酱的点中，点入黄色果酱点（图1）。

2.枇杷。用手指涂抹出累累枇杷（图2）。

3.果枝。用褐色果酱画出枇杷枝（图3），用棉签涂抹润色（图4）。

4.枇杷叶。用墨绿色果酱画出枇杷叶（图5），再用黑色果酱勾勒出叶脉（图6）。

5.枇杷蒂。用黑色果酱画出枇杷的果蒂（图7）。

6.成品（图8）。

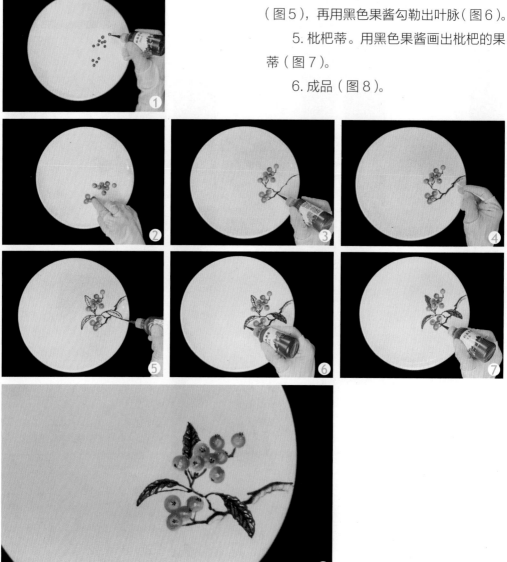

水墨葫芦

1. 葫芦叶。在盘子一侧用黑色果酱点出葫芦叶的定位（图1），用手指涂抹润染出三组葫芦叶（图2），再用黑色果酱点出另外两组葫芦叶的定位（图3），再用手指涂抹润染出另外两组葫芦叶（图4）。

2. 葫芦藤。用黑色果酱勾勒出藤蔓，将几组葫芦叶连起来（图5），继续用黑色果酱描出葫芦叶的叶脉（图6）。

3. 葫芦。用浅黄色果酱描画出两只葫芦（图7），再用深黄色果酱晕染葫芦的色彩（图8），最后用黑色果酱点出葫芦的底脐（图9）。

4. 成品（图10）。

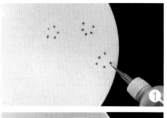

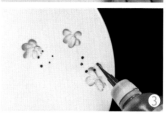

硕果累累

1. 葡萄。在盘子一侧用紫色果酱点出葡萄的定位（图1），用手指涂抹出水滴形的葡萄状（图2），继续用紫色果酱点出葡萄的定位（图3），同样做法涂抹出两串葡萄的形状（图4）。

2. 葡萄叶。在葡萄上方用墨绿色果酱画出葡萄叶定位（图5），用手指涂抹出绿叶的形状（图6）。

3. 藤蔓。用黑色果酱勾勒出飘逸的藤蔓（图7），再用黑色果酱勾画出葡萄叶的叶脉（图8），最后用白色果酱在葡萄的底部点上白点（图9）。

4. 成品（图10）。

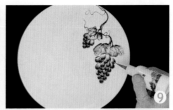

丝瓜藤架

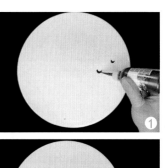

1. 定位。在盘子一侧用墨绿色果酱画出两只月牙状定位（图1）。

2. 丝瓜。用手指涂抹出丝瓜的形状（图2），用黑色果酱画出丝瓜的瓜络（图3）。

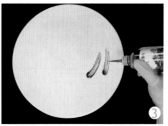

3. 丝瓜叶。在丝瓜的上方，用墨绿色果酱画出丝瓜叶的定位（图4），用手指涂抹出丝瓜叶（图5），再用黑色果酱勾勒出叶子的脉络（图6）。

4. 丝瓜花。用黄色果酱描出丝瓜的顶花（图7），再用黄色果酱在丝瓜的上方画出丝瓜花的定位（图8），用手指涂抹出丝瓜花（图9），用黑色果酱点画出丝瓜花的花托（图10）。

5. 瓜蔓。用黑色果酱画出丝瓜的瓜蔓（图11），

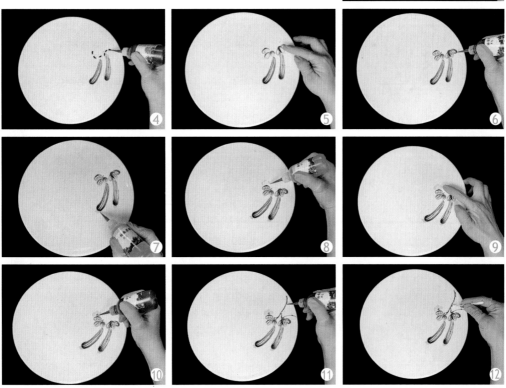

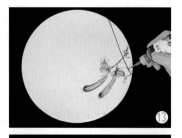

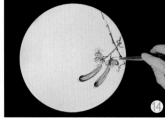

再用棉签晕染瓜蔓（图12）；另外用黑色果酱画出藤架——竹子的定位（图13），用小刀刮出竹节（图14），再画出缠绕的藤蔓（图15）。

6.补缀。在藤架上涂抹出丝瓜叶（图16），用黑色果酱勾勒出叶脉（图17）。

7.成品（图18）。

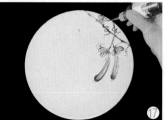

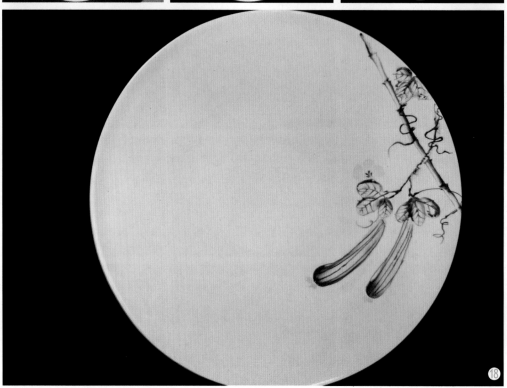

酸甜荔枝

1.白描。在盘子的一侧用褐色果酱描出荔枝果实和树叶的轮廓（图1）。

2.叶子。用草绿色果酱沿叶梗画一条线，再用手指涂抹（图2），用黑色果酱描边（图3），再次涂抹另一半叶子（图4），用黑色果酱描画出叶子的叶脉（图5），用草绿果酱配合墨绿色果酱涂抹其余的叶子（图6），用黑色果酱描画出叶子的叶脉（图7）。

3.果实。先用粉红色果酱涂抹果实作为底色（图8），再用红色果酱覆盖其上涂抹（图9、图10）；用同样的方法涂抹其他果实，果实底部用红色果酱点上几个点（图11、图12）。

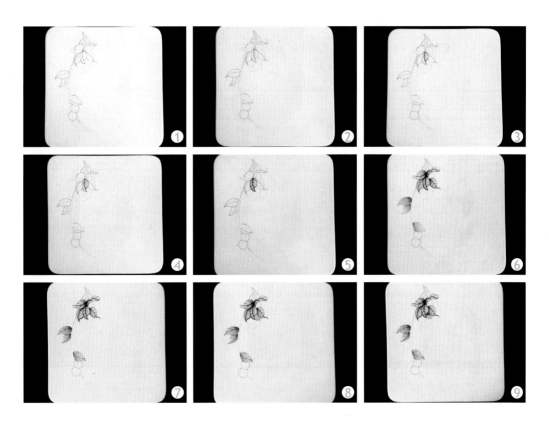

4. 枝干。用褐色果酱配合黑色果酱描画荔枝的枝干（图13），用浅蓝色果酱涂抹荔枝的背景（图14）。用黑色果酱题字，用红色果酱画出印章。

5. 成品（图15）。

桃之天天

1. 桃枝。用黑色果酱画出桃枝的框架，在桃子的定位处适当留空（图1）。

2. 桃子。用白色果酱在桃枝的留空处点上桃子的底色（图2），在桃尖处用玫红色果酱勾画（图3），用手指涂抹出桃子的形状（图4）；同样方法画出第二个桃子（图5、图6），用玫红色果酱勾勒出桃子的轮廓（图7）；另外再画出第三个桃子（图8）。

3. 桃叶。用细笔蘸上深绿色果酱，画出桃叶（图9）。

4. 成品（图10）。

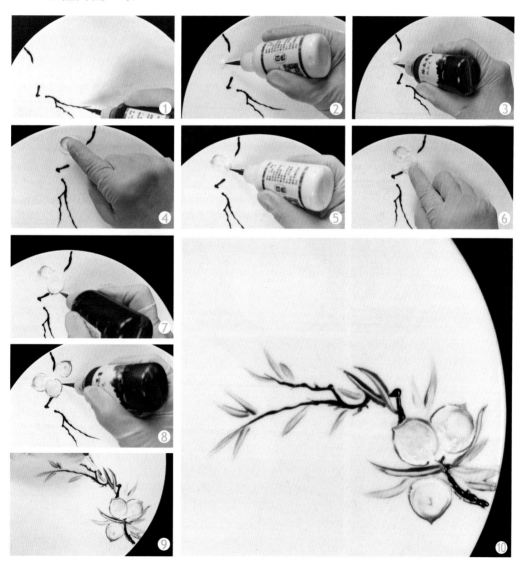

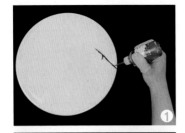

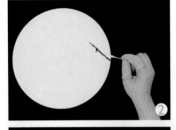

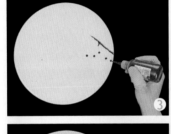

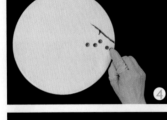

甜美樱桃

1. 樱桃枝。在盘子一侧用黑色果酱画出樱桃枝（图1），用棉签涂抹晕染树枝（图2）。

2. 樱桃。在树枝的下方，用红色果酱点出樱桃定位（图3），用手指头涂抹出樱桃的形状（图4）；同样方法做出更多的樱桃（图5、图6），用绿色果酱将樱桃枝和樱桃连在一起（图7）。

3. 桃叶。用绿色果酱画出樱桃叶的形状（图8），用绿色果酱涂满作底色（图9），接着勾勒出叶脉（图10）。

4. 成品（图11）。

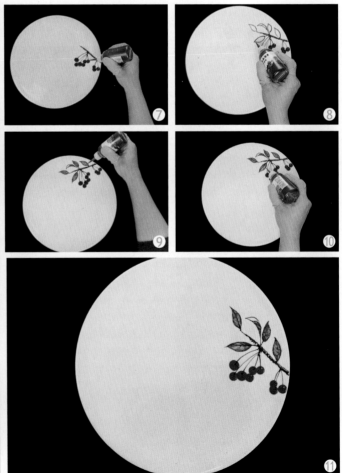

大红萝卜

1. 萝卜。在盘子一侧用红色果酱画出萝卜的轮廓（图1），用手指向内中心涂抹成一个完整的萝卜（图2），用红色果酱描出萝卜的根须（图3）。

2. 萝卜叶。在萝卜的顶部用草绿色果酱点出萝卜叶的基部（图4），再用手指涂抹出萝卜叶（图5、图6），用草绿色果酱勾勒出叶脉（图7、图8）。

3. 成品（图9）。

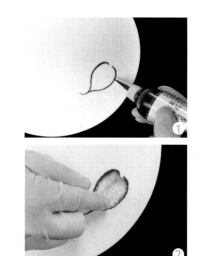

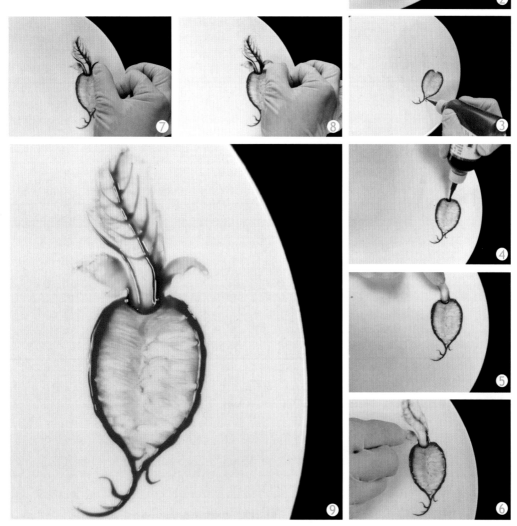

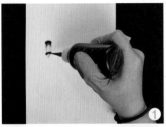

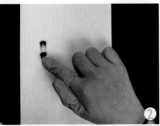

敦厚毛竹

1.毛竹。在盘子的下方用墨绿色果酱画出半月形的果酱条，画一个，立即用手指向下涂出竹节（图1、图2），直至画涂出两根毛竹（图3）；在毛竹左侧用墨绿色果酱画出细细的竹子（图4），画出竹枝（图5）。

2.竹叶。用细笔沾上墨绿色果酱画出竹叶（图6），题上字，画出印章。

3.成品（图7）。

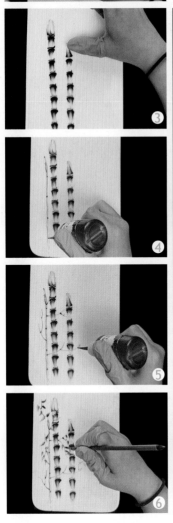

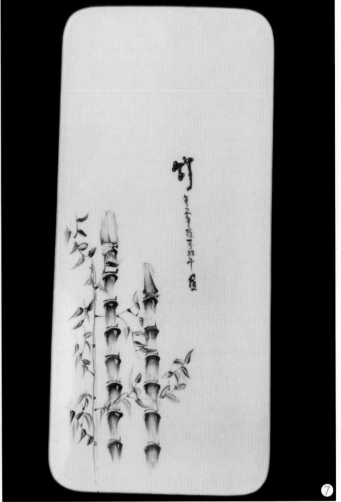

荷塘月色

1. 白描。用黑色果酱描画出荷花和月亮的轮廓（图1）。

2. 上色。先用草绿色果酱涂抹荷叶，再用墨绿色果酱润染出荷叶的明暗处（图2），用黑色果酱勾勒出荷叶的脉络，同时用透明果酱画出露珠（图3），用同样方法给其他荷叶上色（图4）。

用红色果酱涂抹出荷花花瓣层次，用墨绿色果酱、草绿色果酱勾勒出莲蓬，黑色果酱点出莲子（图5），同样方法描出另一朵荷花（图6），用红色果酱给另两朵荷花上色（图7）。

用黄色果酱涂抹背景（图8）。

3. 成品（图9）。

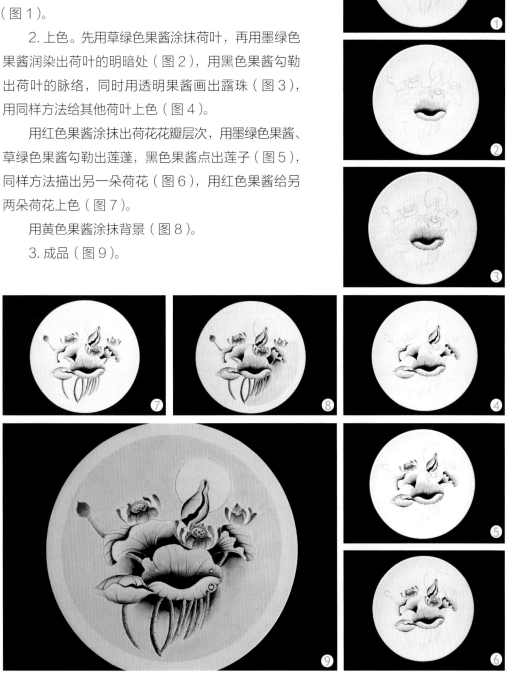

清濯莲子

1.定位。在盘子的一侧用浅黄色果酱挤出椭圆形果酱定位（图1）。

2.莲蓬。用手指涂抹出更大的一块椭圆形莲蓬位置（图2），用墨绿色果酱画出莲蓬的边缘（图3），再用棉签向下涂抹出莲蓬的托（图4）。

3.莲子。用草绿色果酱挤出莲子的形状（图5）。

4.莲茎。用墨绿色果酱画出莲茎（图6），用黑色果酱画出莲穗（图7），同时在莲茎上点画出凸起（图8），在莲子上点画出莲子的尖尖（图9）。

5.莲叶。在莲蓬的右下方，用墨绿色果酱画出莲叶的定位条（图10），随即用棉签双向涂抹（图11），继续勾勒出莲叶的叶脉（图12），画出莲茎（图13），用黑色果酱点画出莲茎上的凸起（图14）。

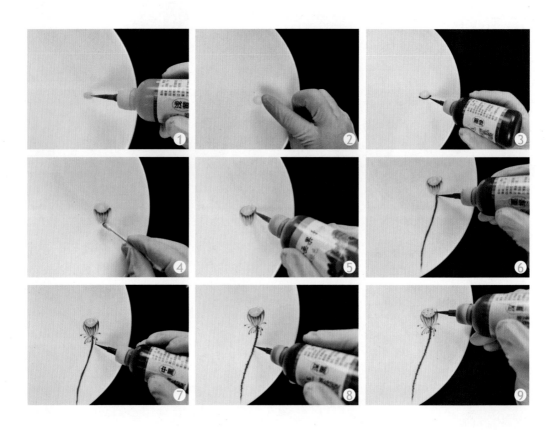

6. 蜻蜓。用天蓝色果酱在莲蓬的上方画出蜻蜓的翅膀（图 15），用黑色果酱描出蜻蜓的头和身子（图 16），再用白色果酱点出蜻蜓身上的白点（图 17）。用红色果酱画出印章。

7. 成品（图 18）。

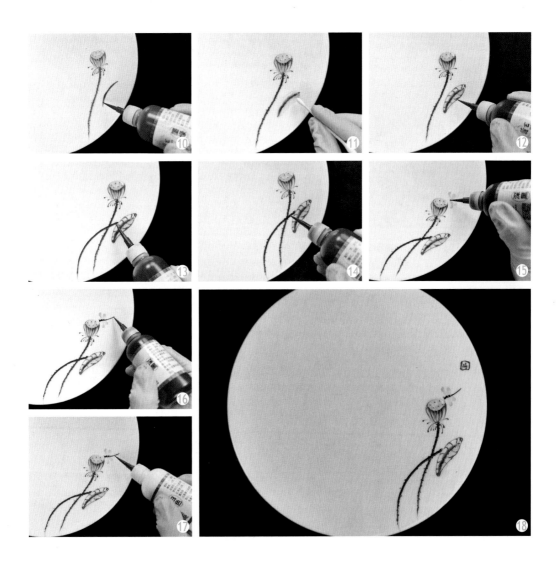

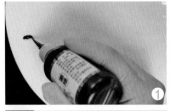

仙人掌美

1.仙人掌。在盘子的左侧，用墨绿色果酱画出一个小"月牙"定位（图1），用手指向下涂抹成仙人掌片（图2），在上方画出另一个小"月牙"（图3），如此方法，涂抹出多组仙人掌片，用草绿色果酱点出两点（图4），用手指涂抹成仙人掌的芽。

2.仙人掌花。用橙黄色果酱点出芽上的花朵定位（图5），用细笔向内圆心勾勒出花朵（图6），用黑色果酱描出嫩芽的细绒毛（图7），最后勾出仙人掌的细刺毛（图8）。

3.石头。用黑色果酱画出石头的轮廓（图9），用手指涂抹出石头的形状（图10）。

4.小蜜蜂。用黑、白、灰果酱画出小蜜蜂点缀。

5.成品（图11）。

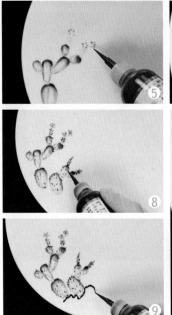

紫藤架下

1.紫藤花。用紫罗兰色果酱配合深紫色果酱点画出几组紫藤花点点（图1），用手指涂抹出花朵（图2），用墨绿色果酱画出花茎（图3），再用深紫色果酱补上一些花蕾（图4）。

2.藤枝。用细笔沾上墨绿色果酱和黑色果酱描出藤枝（图5），然后画出绿色的叶子（图6），最后描出叶脉（图7）。

3.成品（图8）。

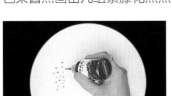

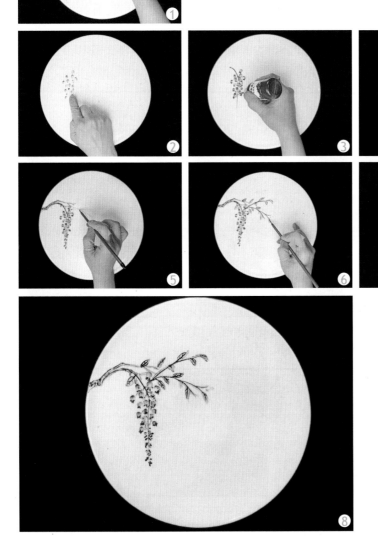

（二）动物类果酱画

斑斓锦鸡

1. 白描。在盘中用黑色果酱描出锦鸡的轮廓，写上"前程似锦"四个字（图1）。

2. 涂色。用棉签沾上褐黄色果酱涂抹出锦鸡的冠部，再用棉签沾上褐色果酱抹出锦鸡脖领的色泽，同时用黑色果酱画出纹理，点出眼睛。用红色果酱勾勒出锦鸡的嘴部（图2）；用绿色果酱、天蓝色果酱、绯色果酱、褐色果酱分别涂抹出不同层次的羽毛色泽，再用黑色果酱勾勒出羽毛的轮廓（图3）；用褐黄色果酱涂抹锦鸡的背部，同时用黑色果酱涂抹、白色果酱勾勒锦鸡的尾羽（图4）；用红色果酱配合黑色果酱涂抹出颈部、胸部和腹部的色泽（图5）；用红色果酱涂抹出次尾羽（图6）；用褐黄色果酱涂抹主尾羽，用黑色果酱勾勒纹理（图7）；用褐黄色果酱涂抹锦鸡的爪部，用黑色果酱勾勒出爪的纹理（图8）。用红色果酱画出印章。

3. 成品（图9）。

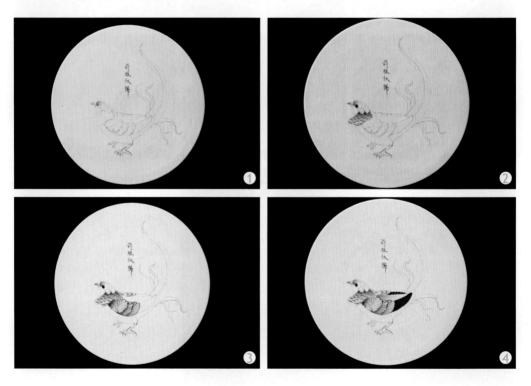

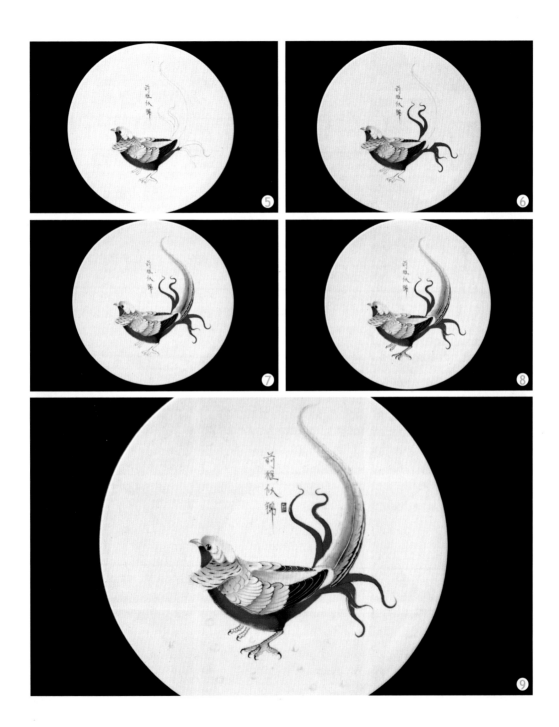

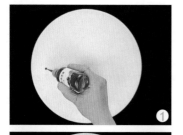

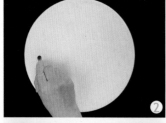

池塘虾趣

1. 定位。在盘子一侧用黑色果酱点一个点定位（图1）。

2. 虾头。用手指涂抹出椭圆形状（图2），用黑色果酱勾勒出虾枪（图3），点出两只眼睛（图4），用细笔向内勾起，形成虾眼（图5）。

3. 虾身。用黑色果酱勾出月牙状（图6），用手指涂抹并用黑色果酱勾勒出虾节（图7、图8、图9）。

4. 虾尾。用黑色果酱定位（图10），再用细笔勾勒出虾尾（图11）。

5. 虾钳。画出虾钳（图12、图13、图14）。

6. 虾须。勾勒出虾须（图15）。

7. 整虾。用同样方法画出另一只虾的定位（图16），

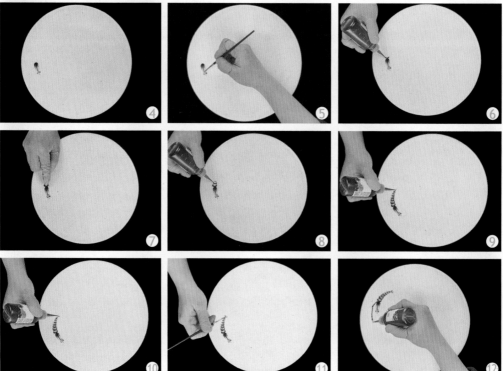

画出整虾（图 17），勾勒出虾钳、虾须（图 18）。

　　8. 金钱草。用绿色果酱在两只虾之间点上绿色的点（图 19），用手指涂抹出金钱草的大小（图 20），用黑色果酱勾勒出金钱草的脉络（图 21）。最后题字，画出印章。

　　9. 成品（图 22）。

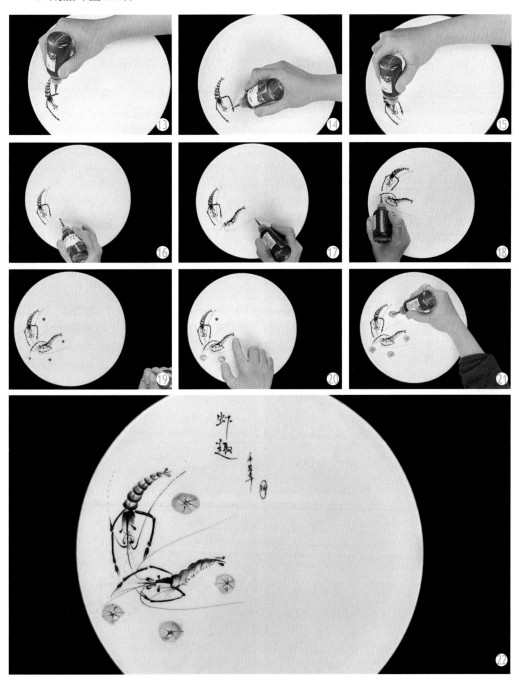

池塘鱼趣

　　1.白描。用黑色果酱描出荷花、花瓣与双鱼的轮廓（图1），再用黑色果酱画出双鱼的鱼眼（图2），继续用黑色果酱画出鱼鳞、鱼鳍和鱼尾（图3），同样方法画出另一条鱼的形状（图4）。

　　2.涂色。用粉色果酱涂抹花瓣作基色，花瓣尖部用红色果酱涂抹（图5），用棉签涂抹润色（图6），花瓣内瓣用黄色果酱涂抹，花瓣外瓣用红色果酱涂抹（图7）；莲蓬外围用绿色果酱涂抹，表面用黄色果酱涂抹，莲蓬轮廓用黑色果酱勾勒（图8），莲蓬中莲子

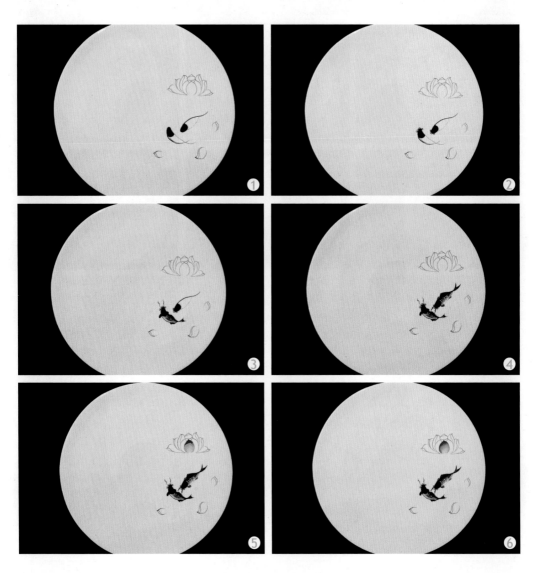

先用黑色果酱点上，再用白色果酱点缀，莲蓬的边缘用黑色果酱画出莲蓬的穗，其他花瓣也用图7的方法涂抹（图9）；荷花的底座用天蓝色果酱涂抹润染，用白色果酱点出水滴（图10）。

3. 成品（图11）。

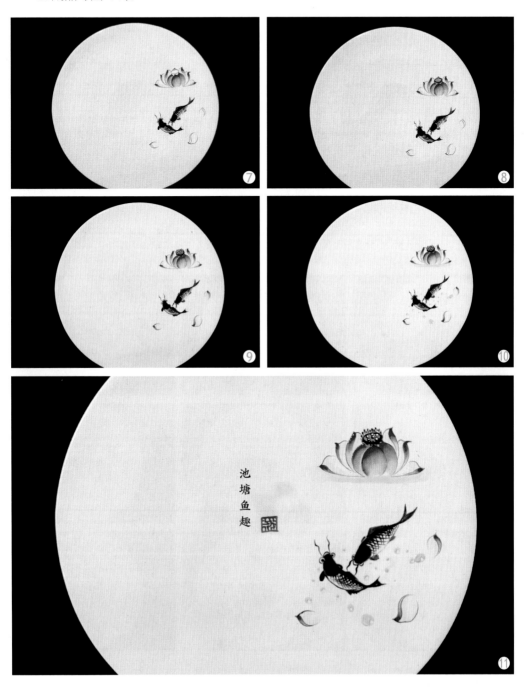

蝶尾金鱼

1. 白描。在盘子中间用黑色果酱描出金鱼的轮廓（图 1），并将眼睛下方用红色果酱涂红。

2. 头部。先用粉红色果酱打底，再勾出红色覆盖（图 2），同样将鳃部、胸鳍用粉红色打底，用红色果酱勾勒出胸鳍（图 3）。

3. 身体。脊背部位用红色果酱涂满（图 4），下方用橙红色果酱涂抹过渡（图 5），继续用粉红色果酱涂抹过渡（图 6），最后用黄色果酱涂抹过渡（图 7），慢慢涂满晕染（图 8），用红色果酱勾勒出腹鳍（图 9）。

4. 尾部。用橙红色果酱、粉红色果酱、黄色果酱依次涂抹晕染（图 10），用红色果酱勾勒出尾鳍（图 11）；同样勾勒出另一个尾鳍（图 12）。

5. 鱼鳞。用白色果酱在金鱼头部画出鱼鳞（图 13），身体部位用黑色果酱画出鱼鳞（图 14、图 15）。

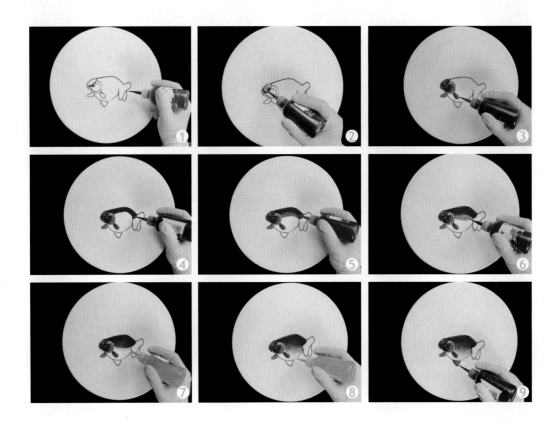

6.水草。用绿色果酱勾勒出水草，用绿色果酱、粉红色果酱、红色果酱勾勒出水草中的花。

7.成品（图16）。

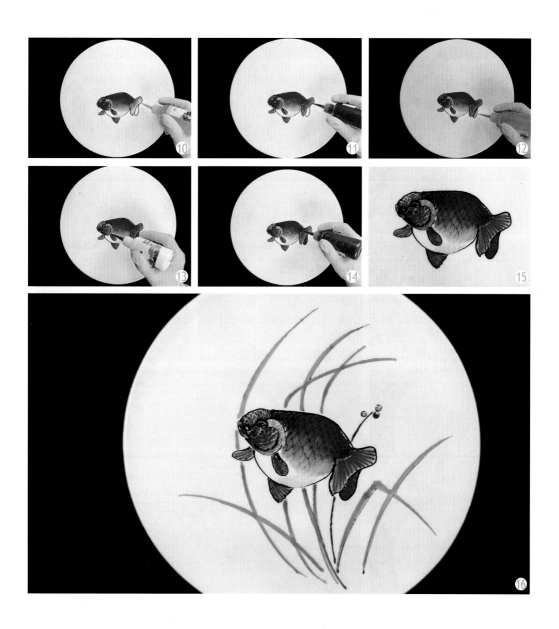

①

②

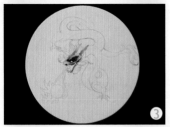
③

飞龙在天

1.白描。在白色平盘上用黑色果酱描画出飞龙的图案（图1）。

2.上色。用黑色果酱配合褐色果酱描画出龙头的轮廓（图2），用红色果酱涂抹出眼睛上的眉毛（图3），继续描画出龙头的须毛，用白色果酱点上龙角上的点点（图4），用黄色果酱涂抹龙身，再用黑色果酱画出龙鳞纹和龙爪（图5），龙脊上的须用红色果酱涂抹，龙腹部用绿色果酱涂抹，用黑色果酱画出腹纹（图6），同样方法描画出其他龙身部位（图7），用红色果酱描出龙尾（图8），用红色果酱涂抹、描画出龙珠，白色果酱描画出水纹和云彩即可。

3.成品（图9）。

④

⑦

⑧

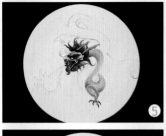
⑤

⑨

⑥

凤舞九天

1. 白描。在白色平盘上用黑色果酱描画出凤凰的图案（图1）。

2. 上色。用黄色果酱勾勒出凤凰的鸟喙，用红色果酱涂出凤冠、黑色果酱描出凤冠的花纹（图2），用红色果酱涂抹出鸟颈部的细毛，用黑色果酱润染出羽毛的纹理（图3），用黄色果酱配合褐色果酱涂抹出凤凰胸部羽毛，并用褐色果酱勾勒出羽毛的纹理（图4）。

用红色果酱涂抹凤凰的爪子，用黑色果酱勾勒出爪纹（图5）。

用黄色果酱涂抹凤凰的翅膀，再用红色果酱涂抹润染，最后用黑色果酱勾勒出翅膀的纹路（图6），以同样方法涂抹、勾勒出整只翅膀（图7），再用同样方法涂抹、勾勒出另一只翅膀（图8）。

用红色果酱涂抹凤凰的尾羽，用黑色果酱勾勒出尾羽的边缘和尾羽心，用白色果酱勾勒出翅膀的脉络（图9），以同样方法涂抹、勾勒出剩余的尾小羽毛。

3. 成品（图10）。

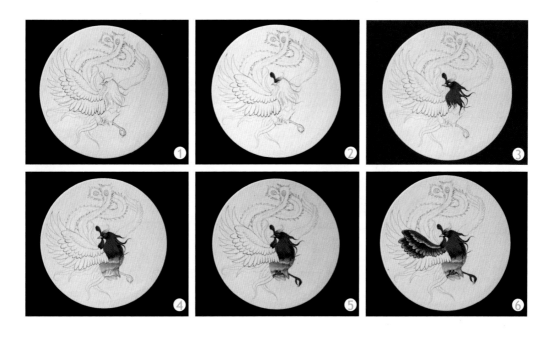

公鸡雄风

1. 白描。用黑色果酱描出公鸡的轮廓，写上"雄风"两字（图1）。

2. 涂色。用红色果酱涂抹出鸡冠、鸡头和肉髯的颜色，黄色果酱勾勒出鸡嘴（图2）；用褐黄色果酱润染出鸡脖的色泽层次（图3），鸡后背用黄色果酱、红色果酱通过棉签、牙签润染，胸部用绿色果酱润染（图4）。

用天蓝色果酱、黑色果酱润染鸡翅膀，用黑色果酱和白色果酱勾勒出翅膀的轮廓线条（图5）；鸡腹部用黑色果酱、褐色果酱、黄色果酱分层次润染（图6）。

用蓝色果酱配合黑色果酱润染公鸡的尾羽，用白色果酱勾勒出翅膀的轮廓线条（图7）。用红色果酱涂抹鸡爪，用红色果酱画出印章。

3. 成品（图8）。

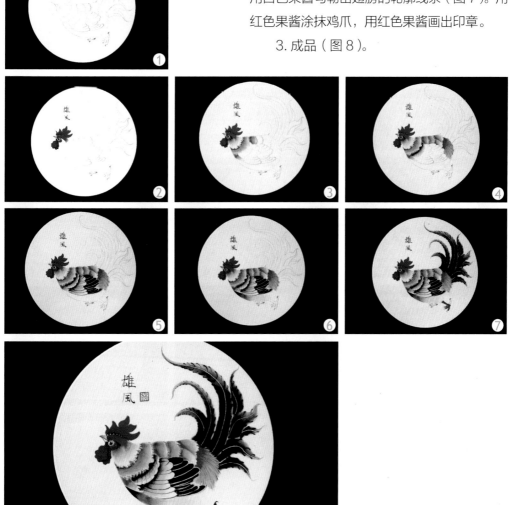

荷花翠鸟

1. 白描。在盘子的中间用黑色果酱描出荷花和翠鸟的轮廓（图1）。

2. 翠鸟。在鸟的顶部用蓝色果酱涂抹淡淡的一层，边缘用稍深一点的果酱勾勒出轮廓（图2），润染后再用黑色果酱勾勒出轮廓（图3），将黑色果酱润染（图4），鸟脑后与眼袋处用同样方法润染，勾出眼眶（图5），用红色果酱润染眼眶处和鸟喙根（图6），继续润染（图7），用黑色果酱点出眼珠，褐黄色果酱润染出鸟喙（图8）；鸟腹部先用黄色果酱涂抹打底，再涂上红色果酱（图9），润染一下（图10），用蓝色果酱涂抹一下鸟的翅膀打底色，用棉签擦掉荷梗的位置（图11），用黑色果酱勾勒出羽毛的边缘（图12），用蓝色果酱配合黑色果酱涂抹鸟尾羽（图13）。

3. 荷花。用粉色果酱涂抹花瓣底色，瓣尖处用红色

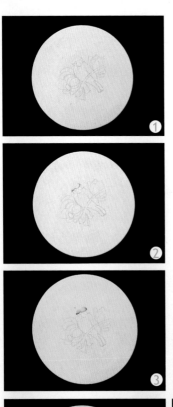

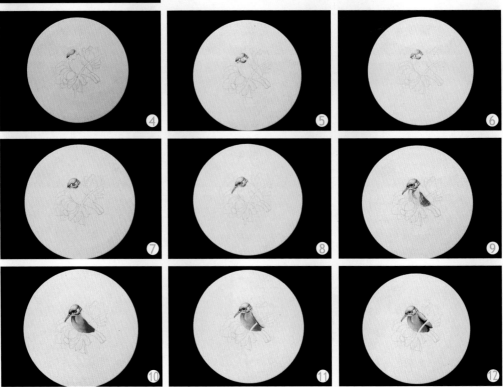

果酱勾勒（图 14），继续润染（图 15），用红色果酱涂抹外瓣（图 16、图 17），继续润染（图 18）；用同样的方法涂抹、润染左边花瓣（图 19、图 20），用黑色果酱描出莲蓬的轮廓，涂抹橙色果酱作莲蓬的面，白色果酱配合黑色果酱点出莲子（图 21）。

4. 其他。用翠绿色果酱描出荷梗的轮廓（图 22），用黑色果酱点出荷梗的刺（图 23），用褐色果酱勾出鸟爪，用黄色果酱润染图案的背景。

5. 成品（图 24）。

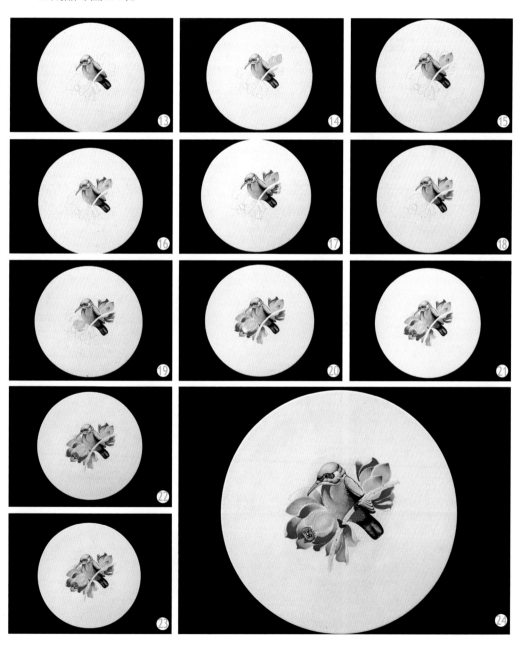

荷上蜻蜓

1. 白描。在盘子的一侧用褐色果酱描画出荷叶、荷花和蜻蜓的轮廓（图1）。

2. 蜻蜓。用粉红色果酱涂抹蜻蜓的身体（图2），用红色果酱进行分段涂抹（图3），用黑色果酱再次勾勒出纹理（图4）；用褐色果酱涂抹出蜻蜓一片翅膀（图5），用黑色果酱描出蜻蜓翅膀的纹理（图6），用褐色果酱涂抹出蜻蜓另一片翅膀（图7），同样方法涂抹、描画出另外一对翅膀，并用白色果酱点出翅膀上的纹理（图8）。

3. 荷叶。用浅黄色果酱打底涂抹，加上浅绿色果酱晕染（图9），用墨绿色果酱勾描荷叶的底部，用牙签勾描晕染（图10），用浅绿色果酱涂抹色荷茎，用墨绿色果酱点画出荷叶的纹脉、点出荷茎上的须刺（图11）。

4. 荷花。用粉红色果酱打底荷叶底色（图12），花

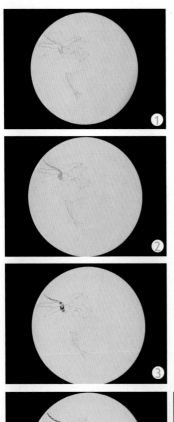

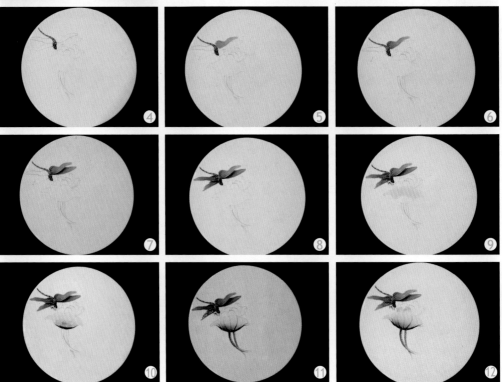

瓣的尖部用红色果酱勾画涂色（图13），继续涂抹晕染（图14），以同样方法将剩余的花瓣涂色（图15），用黑色果酱勾勒出荷花花蕊，用墨绿色果酱勾描出一些小草（图16）。最后题字，画出印章。

5. 成品（图17）。

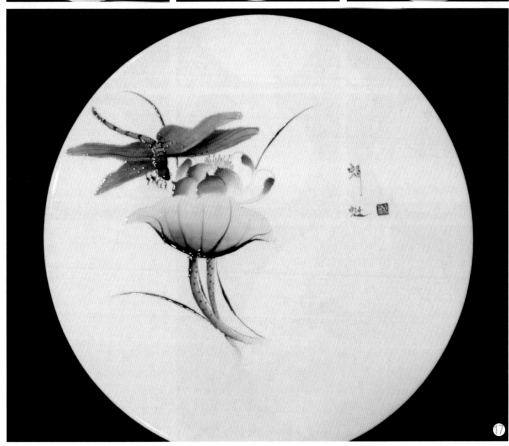

精明家雀

1. 白描。在白色平盘上用黑色果酱描画出家雀和鸟窝的轮廓（图1）。

2. 上色。用褐色果酱和黑色果酱勾勒

出鸟嘴，涂抹鸟头部位（图2），用黄色果酱配合褐色果酱涂抹鸟背（图3），再用红色果酱、褐色果酱、黑色果酱配合描画鸟翅膀（图4），用黑色果酱涂抹翅膀的尖部，用白色果酱勾勒出翅膀尖部的羽毛轮廓，用黑色果酱点上眼珠（图5），用褐色果酱和黑色果酱涂抹出尾羽，用红色果酱涂抹鸡爪，用黑色果酱勾勒出鸡爪的纹理（图6），用白色果酱和灰色果酱涂抹出鸟窝（图7）。最后用黑色果酱涂抹出枯枝。

3. 成品（图8）。

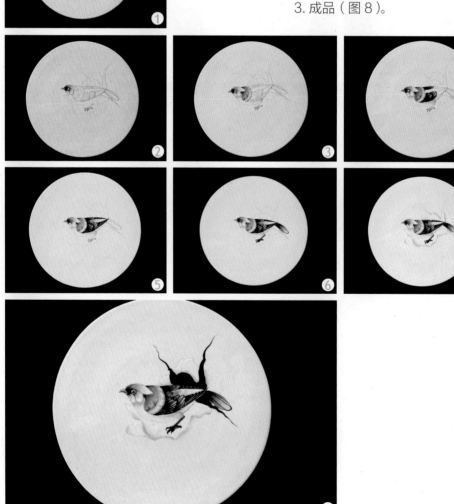

马到功成

1. 定位。在白色平盘中描画出马的图案轮廓，并写上"馬到功成"四个字（图1）。

2. 上色。用暗红色果酱配合黑色果酱涂抹马的脸部和眼睛（图2），用褐色果酱和黑色果酱勾勒出鬃毛，再用暗红色果酱配合黑色果酱涂抹马脖子（图3），用暗红色果酱配合黑色果酱涂抹马腿，用白色果酱涂抹马的下巴、额部（图4），用暗红色果酱配合黑色果酱涂抹马的前半身（图5），用暗红色果酱配合黑色果酱涂抹后半身，用白色果酱涂抹马身上的斑（图6），用褐色果酱和黑色果酱涂抹马的蹄子、屁股、尾巴（图7），最后用白色果酱点上马的眼珠。

3. 成品（图8）。

鸟语花香

1. 白描。在白色平盘上，用黑色果酱描画出鸟、玉兰花及其枝叶的轮廓（图1）。

2. 上色。用黑色果酱、绿色果酱、墨绿色果酱润染鸟头部位（图2），然后用墨绿色果酱和绿色果酱涂抹鸟脖部位，以及鸟的左侧翅膀，用黑色果酱和白色果酱勾勒出翅膀的轮廓（图3），用同样方法涂抹、勾画右侧翅膀（图4），再用同样方法涂抹、勾画尾羽（图5），最后用黄色果酱配合红色果酱涂抹鸟腹部和爪部（图6）。

用红色果酱配合粉红色果酱涂抹玉兰花花瓣，用黑色果酱勾勒出花瓣的脉络及花托，用透明果酱点出花瓣上的露珠（图7），用同样方法涂抹出另一朵玉兰花（图8）。

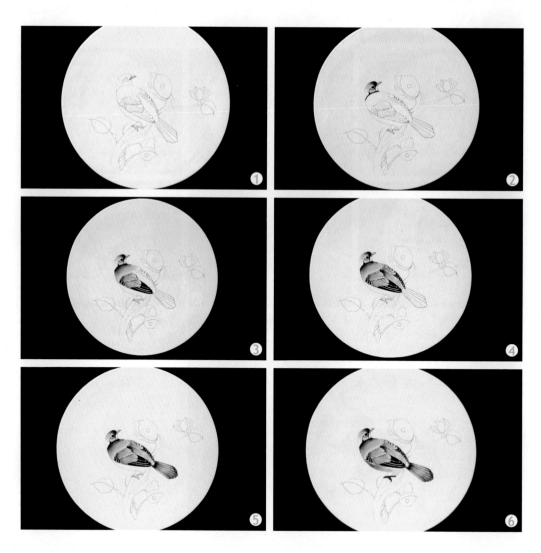

用棉签沾上褐色果酱涂抹玉兰花树枝（图9）。

用绿色果酱涂抹树叶，用黑色果酱勾画树叶的叶脉，用透明果酱点出树叶上的露珠（图10）。最后用黑色果酱写出"鸟语花香"的字样，用红色果酱画出印章。

3.成品（图11）。

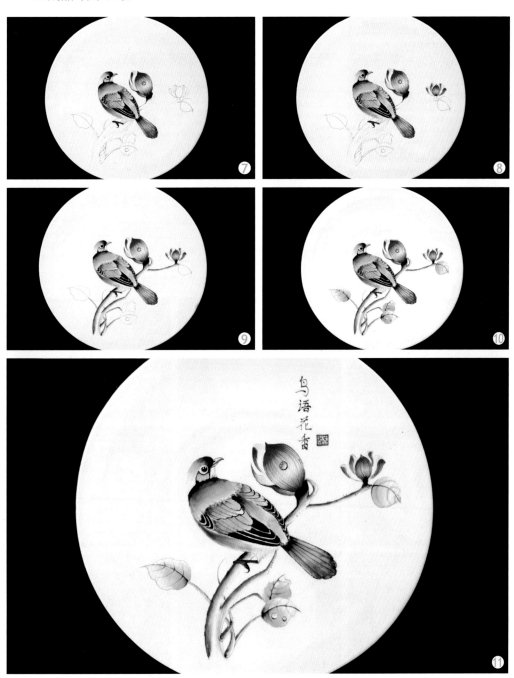

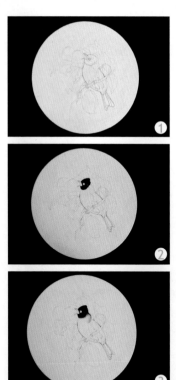

枇杷与鸟

1.白描。在白色平盘上，用褐色果酱描画出枇杷、枝叶与鸟的轮廓（图1）。

2.上色。用黑色果酱涂抹鸟头与鸟脖（图2），用褐色果酱润染鸟脖（图3），配合黑色果酱润染鸟胸部（图4），再配合黑色果酱润染鸟胸部（图5）。用同样方法涂抹、润染鸟背部、腹部羽毛（图6），用黑色果酱描画出鸟尾，鸟尾尖部点上白色果酱（图7），用黑色果酱点上鸟眼睛（图8）。

先用绿色果酱涂抹打底，然后在叶根部涂上墨绿色果酱（图9），继续涂抹出层次（图10），用黑色果酱勾勒出叶脉（图11）。以同样方法涂抹、勾画出所有树叶的形状（图12）。

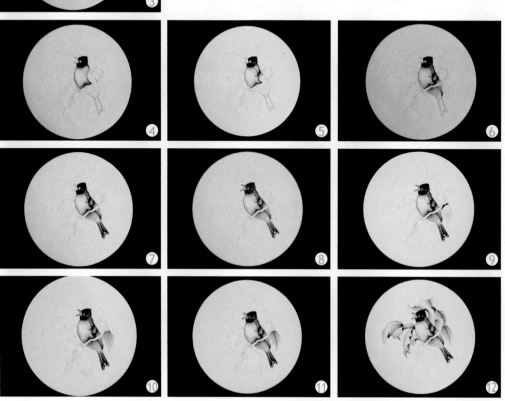

用绿色果酱配合黄色果酱勾画出枇杷的轮廓（图 13、图 14），继续以同样方法涂抹出其他枇杷的轮廓（图 15、图 16）。

用褐色果酱涂抹出树枝的色泽。

3. 成品（图 17）。

麒麟瑞兽

1.白描。在白色平盘上用黑色果酱描画出麒麟的图案（图1）。

2.上色。用黑色果酱和墨绿色果酱涂抹、描画麒麟的脸部（图2），同样方法勾画麒麟的下巴、角，用褐色果酱描画出麒麟的眉毛和胡须（图3），用红色果酱涂抹麒麟的舌头，用褐色果酱和黑色果酱描画麒麟的头须（图4），用同样方法勾勒出整个麒麟的头须，用白色果酱勾勒出麒麟的牙齿（图5），用黑色果酱和褐色果酱涂抹麒麟的腹部，用绿色果酱和黑色果酱涂抹、描画右蹄（图6），用绿色果酱和黑色果酱涂抹、描画左蹄（图7），

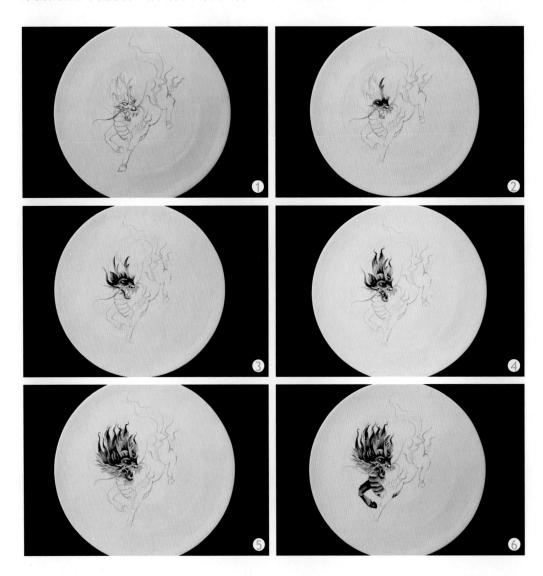

用绿色果酱和黑色果酱涂抹、描画麒麟的身体和后蹄（图8）。最后用黑色果酱配合褐色果酱勾勒出麒麟的尾巴，用红色果酱描画麒麟身上环绕的云纹。

3.成品（图9）。

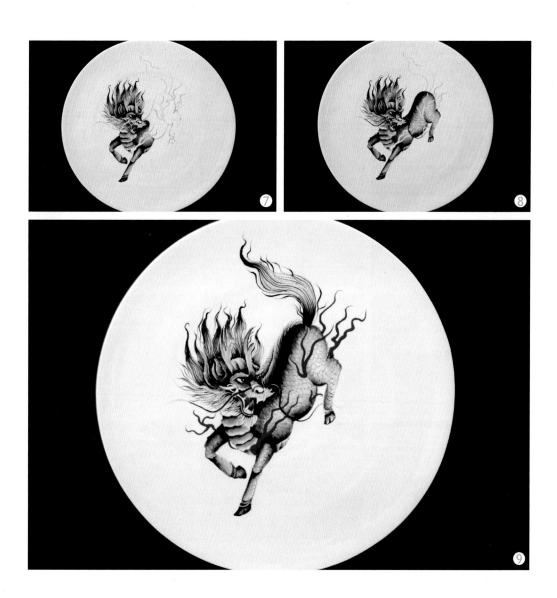

山鹊迎春

1. 定位。在盘子的一侧用幽蓝色果酱点一个点（图 1）。

2. 山鹊。用手指涂抹出鸟头（图 2），在下方画一横条（图 3），再用手指涂抹出鸟身（图 4），用黑色果酱描出鸟身短羽毛（图 5）；用黄色果酱涂抹出鸟腹（图 6）；在鸟尾处挤出一点果酱（图 7），用手指涂抹出长尾羽轮廓（图 8）；用黑色果酱勾勒出长尾羽和鸟嘴（图 9）；用黄色果酱点出鸟眼，在黄色点上点一个黑点作为眼珠，使鸟眼炯炯有神，继续用橙黄色果酱勾勒出鸟爪和鸟嘴（图 10）。

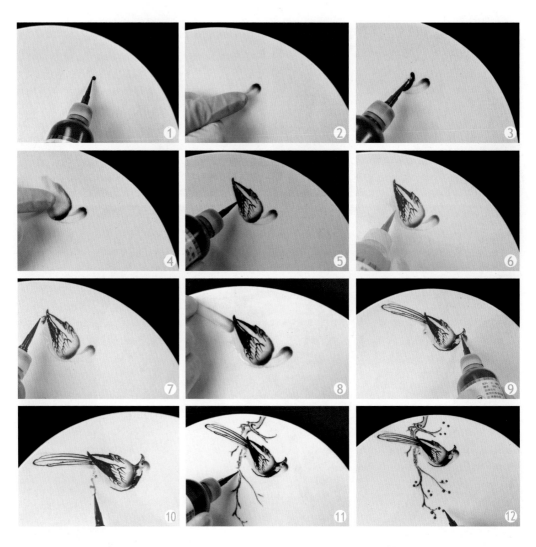

3. 树枝。用白色或灰色果酱画出树枝，用褐色果酱勾勒出树枝的轮廓（图 11）；在树枝的间隙用橙红色果酱点出花朵定位（图 12），用细笔描出橙红色树叶（图 13），用细笔沾上黄色果酱描出黄色树叶（图 14）。

4. 补缀。用白色果酱点描出鸟眼部位的细羽毛和背部羽毛（图 15）。

5. 成品（图 16）。

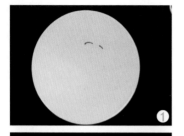

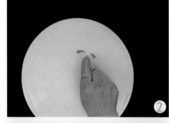

双蝶飞舞

1. 定位。在盘子一侧用蓝色果酱画出两个弯条定位（图1）。

2. 蓝蝴蝶。用手指向下方涂抹出两只翅膀（图2），继续用蓝色果酱画出两个弯条（图3），再用手指向下方涂抹出两只翅膀（图4）；用黑色果酱勾勒出蓝蝴蝶的轮廓（图5），用黄色果酱画出蓝蝴蝶的身子（图6），用黑色果酱描出蓝蝴蝶的触角和身上的黑点（图7），再用黑色果酱勾勒出蝴蝶翅膀上的花纹（图8），用白色果酱在翅膀的边缘点上白点（图9）。

3. 黄蝴蝶。用黑色果酱描出黄蝴蝶的轮廓（图10），用黄色果酱涂抹上底色（图11），再用黑色果酱描出黄蝴蝶翅膀上的花纹（图12），用黑色果酱描出翅膀边缘

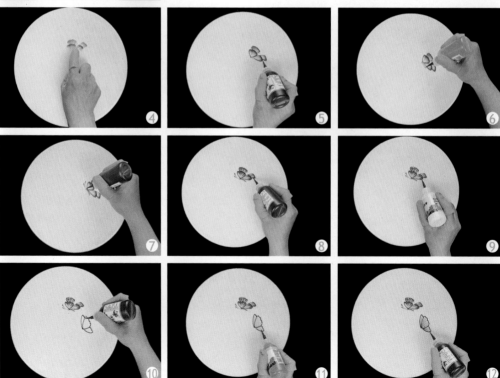

的黑边（图 13），用橙色果酱画出身子（图 14），用黑色果酱描出黄蝴蝶的触角和身上的黑点（图 15），再用白色果酱在翅膀的边缘点上白点（图 16）。

4. 成品（图 17）。

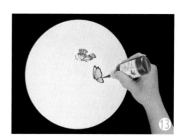

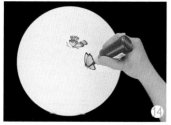

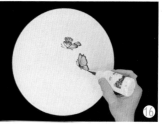

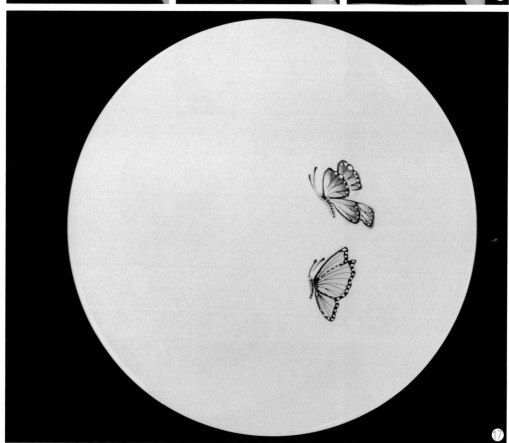

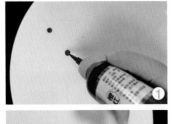

双鱼之喜

1. 红鱼。在盘子一侧用橙红色果酱挤出两点（图 1），用手指反向涂抹（图 2），用细笔画出鱼尾（图 3），继续沾上红色和黄色混合果酱画出鱼鳍（图 4），用黑色果酱勾勒出鱼脊线（图 5），画出鱼眼、鱼嘴（图 6）。

2. 水草。用深绿色果酱画出水草的定位（图 7），用手指涂抹出水草（图 8），用黑色果酱将水草和鱼连在一起（图 9）。

3. 成品（图 10）。

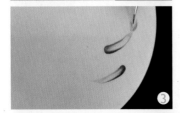

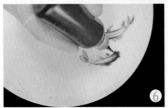

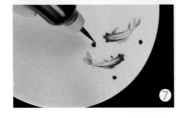

松鹤延年

1.白鹤。在盘子一侧，用黑色果酱画出相对的两条曲线（图1），用手指涂抹交叉（图2），再用黑色果酱勾勒出鹤颈部（图3），继续勾勒出鹤身羽毛（图4），用红色果酱点出鹤顶（图5），用黑色果酱勾勒出鹤嘴（图6），描出腿部（图7）。

2.松树。用黑色果酱画出松树的轮廓（图8），用手指涂抹出松树的树干（图9），继续描出松树的轮廓（图10）和松枝（图11）。

3.松叶与鹤腿。用墨绿色果酱点在松枝处定位（图12），用手指进行涂抹（图13），用黑色果酱描出鹤腿（图14）；用黑色果酱描出松树的树皮（图15），用绿色果酱勾勒出松针（图16）。

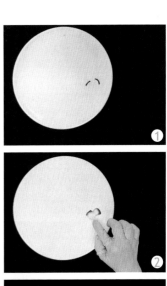

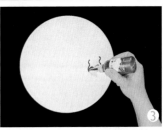

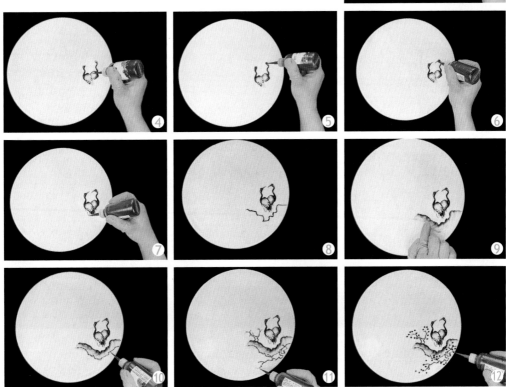

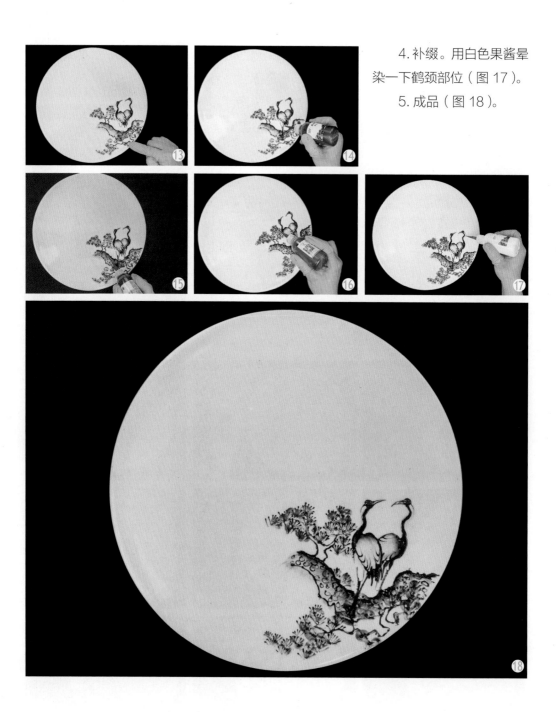

4.补缀。用白色果酱晕染一下鹤颈部位（图17）。

5.成品（图18）。

兔爱萝卜

1. 兔子。在盘子一侧用黑色果酱白描出兔子的初步形状（图1），用手指顺着线条涂抹（图2），画出兔腿定位（图3），再用手指涂抹出兔腿的形状（图4），最后用深黑色果酱勾勒出兔子的整体轮廓（图5）；用红色果酱点出兔子红眼（图6），用灰色果酱涂抹在兔子身体上（图7）。

2. 胡萝卜。用橙红色果酱画出胡萝卜定位（图8），用手指涂抹出胡萝卜的模样（图9）；用墨绿色果酱画出胡萝卜缨的定位（图10），再用手指涂抹出胡萝卜缨的模样（图11），最后用橙红色果酱描出胡萝卜的纹路（图12）。

3. 成品（图13）。

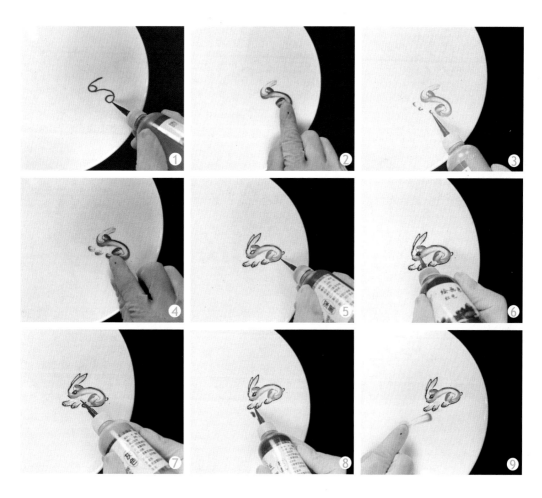

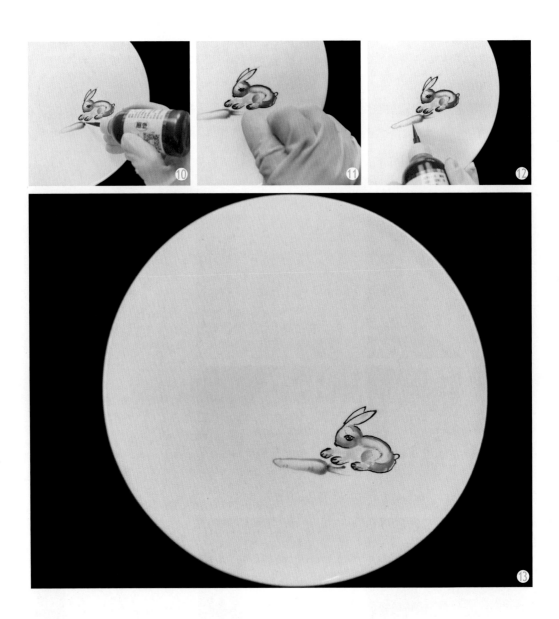

螃蟹戏水

1. 螃蟹。在盘子的一侧用黑色果酱画出一条弯线定位（图1），用手指涂抹出蟹盖（图2），用黑色果酱勾勒出蟹身（图3），点出蟹钳的位置（图4），用棉签涂抹出蟹钳的轮廓（图5），勾勒出蟹钳（图6），描出蟹眼（图7），继续画出蟹腿（图8）。

2. 水草。用草绿色果酱画出水草（图9），用灰色果酱描出水草根部的淤泥（图10）。用黑色果酱题字，用红色果酱画出印章。

3. 成品（图11）。

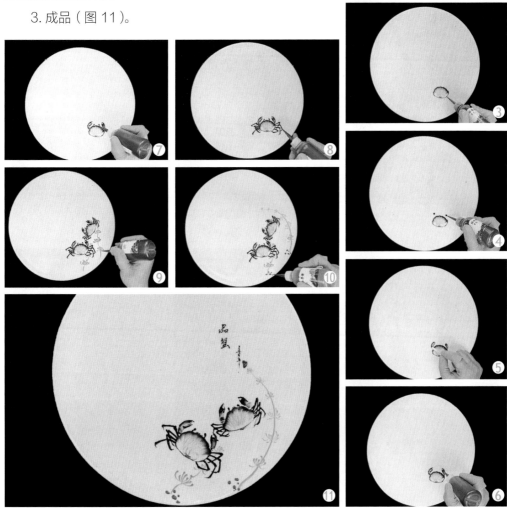

枝头小鸟

1. 小鸟。在盘子的一侧用蓝色果酱挤出一个点（图1），用手指向斜下方涂抹出鸟头的定位（图2），在鸟头下方画出鸟身的定位（图3），再用手指向下涂抹出鸟身（图4），用黑色果酱描出鸟身上的羽毛（图5），再用黄色果酱涂抹出鸟腹（图6），用黑色果酱勾勒出鸟嘴（图7），用黄色果酱和黑色果酱先后点出鸟眼（图8）；用蓝色果酱涂抹出尾羽，用黑色果酱勾勒出尾羽的轮廓（图9），用蓝色果酱再画出3根尾羽（图10）。

2. 树枝。用黑色果酱描画出树枝的轮廓，用黄色果酱画出鸟腿和鸟爪（图11、图12），用绿色果酱画出绿叶的定位（图13），用手指涂抹出绿叶，用黑色果酱描画出树皮（图14），用红色果酱画出红果定位（图15），用手指涂抹出果实（图16），用黑色果酱描出果蒂（图17），用白色果酱在果实上点上白色细点（图18），再用白色果酱勾勒出鸟身上的羽毛（图19）。

3. 成品（图20）。

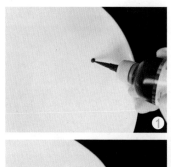

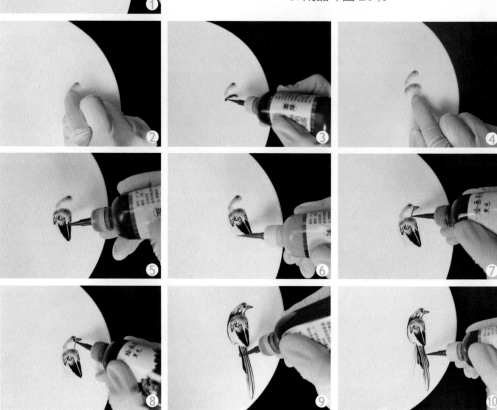

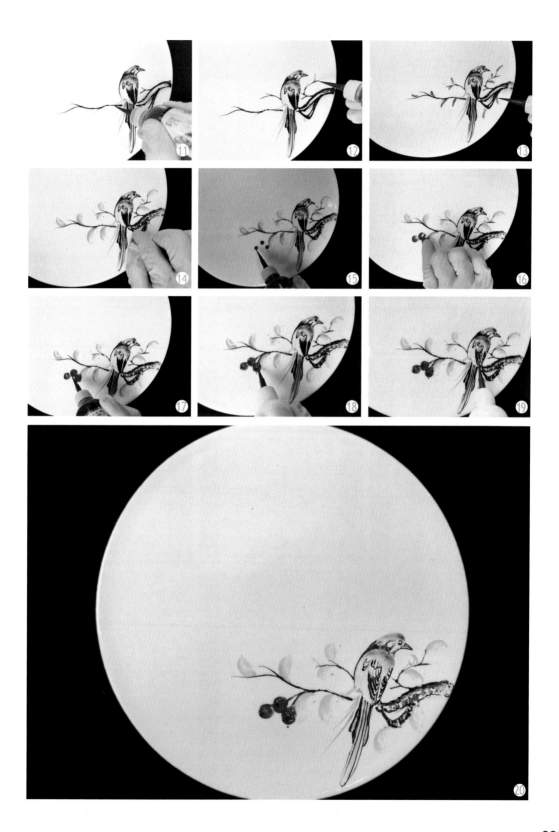

仙鹤逍遥

1.白描。在盘子的一侧，用褐色果酱描画出两只仙鹤的轮廓（图1）。

2.上色。用红色果酱涂抹仙鹤的顶部（图2），用黑色果酱涂抹仙鹤的颈部和羽毛（图3、图4、图5），用黑色果酱勾画羽毛的轮廓（图6），继续勾画仙鹤的长腿和爪（图7）。最后题字，画出印章。

3.成品（图8）。

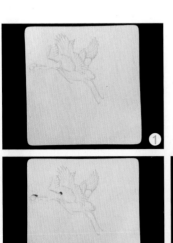

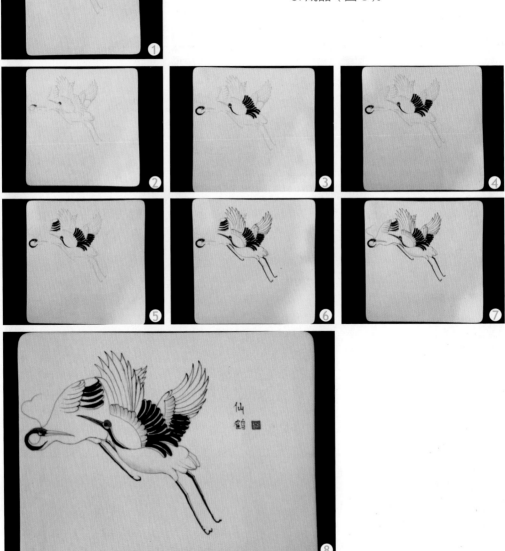

优雅小鹿

1. 白描。在白色平盘上用黑色果酱描画出小鹿的图案（图1）。

2. 上色。在小鹿的头顶用棉签沾上黄色果酱涂抹打底，边缘用褐色果酱勾勒（图2），用棉签润染（图3），耳朵背面涂色（图4）。

鹿脖子用黄色果酱涂抹打底（图5），用褐色果酱勾勒（图6），涂抹成渐变色（图7）；鹿胸部用棉签沾上褐色果酱涂抹（图8），继续涂匀（图9）；耳朵根部用褐色果酱上色（图10），继续涂抹均匀（图11）；勾勒出眼睛（图12）；鹿角用褐色果酱涂匀（图13），用天蓝色果酱涂抹鹿角上的小花（图14），花蕊部位点涂上黄色果酱，再用黑色果酱勾勒出花丝，用白色果酱在鹿身上点上白点。

3. 成品（图15）。

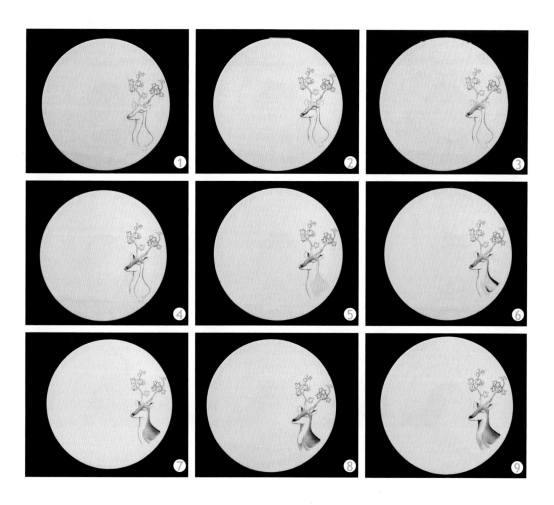

101

小鸟弄荷

1.白描。在盘子中间白描出小鸟、荷花和莲蓬的轮廓（图1）。

2.小鸟。用黄色果酱涂抹在小鸟顶部涂抹打底，然后用红色果酱涂抹晕染（图2），用同样手法涂抹、晕染小鸟脖子（图3），用墨绿色果酱和草绿色果酱涂抹晕染下层羽毛，用黑色果酱勾勒出羽毛的轮廓（图4），用红色果酱涂抹脊背羽毛、黑色果酱涂抹翅膀羽毛（图5），用白色果酱勾勒出脊背羽毛和翅膀羽毛的轮廓，用黑色果酱画出鸟爪，用黑色果酱配合褐色果酱描画出尾羽（图6），用浅灰色果酱涂抹出莲茎的轮廓，上面用黑色果酱

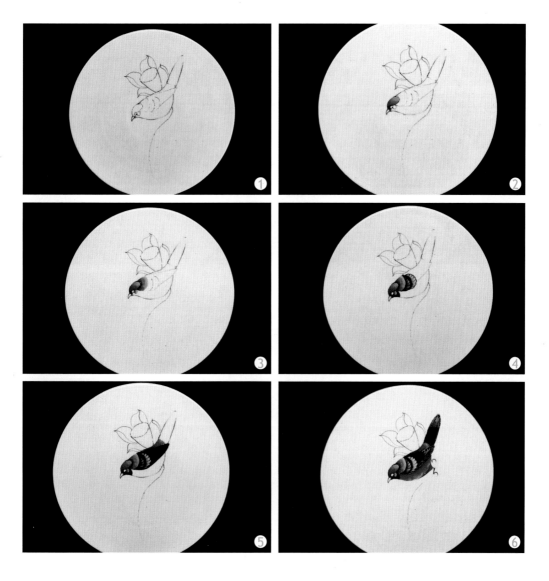

点上小黑点作为莲茎上的小刺（图7）。

　　3. 荷花和莲蓬。用墨绿色果酱和草绿色果酱涂抹、晕染莲蓬的底座和表面（图8、图9），用黑色果酱描画出莲子，用浅蓝色果酱涂抹花瓣的背面，用黄色果酱涂抹花瓣的表面（图10）。最后题字，画出印章。

　　4. 成品（图11）。

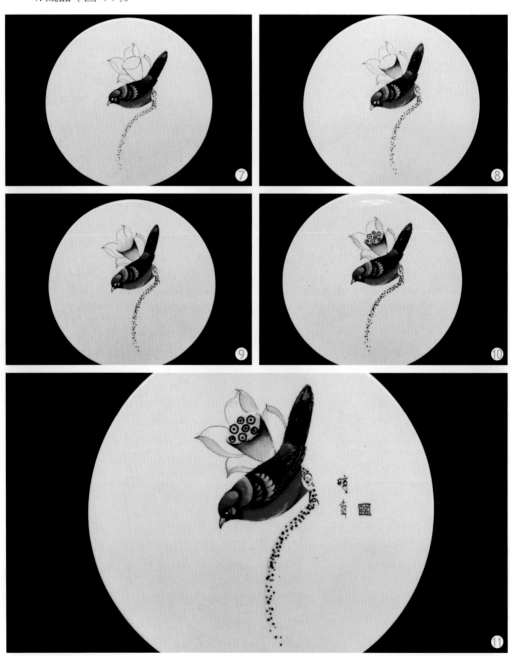

新年祈望

1. 白描。在白色平盘上用黑色果酱描画出小鸟登枝的图案（图1）。

2. 上色。用草绿色果酱涂抹鸟头顶和后脖打底，边缘涂出渐变色（图2），再用绿色果酱沿后背涂出脊羽，用黑色果酱勾勒出轮廓（图3），同样方法涂抹、润染翅膀和尾部的羽毛，用黑色果酱点出眼睛，眼珠上用白色果酱点出亮色（图4）。

用黑色果酱勾勒出鸟嘴，用棉签沾上褐色果酱涂抹胸部、腹部等（图5）。

用黄色果酱涂抹叶子打底，然后涂上红色果酱涂抹润染，用黑色果酱勾勒出叶脉（图6），再用褐色果酱涂抹树枝和叶子的梗，用红色果酱涂抹鸟爪，并用黑色果酱勾描（图7）。

用黑色果酱题字，红色果酱画印章。

3. 成品（图8）。

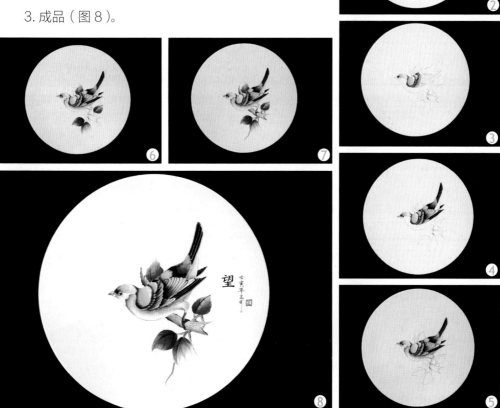

熊猫爱竹

1. 熊猫。在盘子的一侧用深黑色果酱挤出两个点定位（图1），用手指涂抹出熊猫的前肢（图2），用深黑色果酱勾勒出熊猫的头部轮廓（图3），点出熊猫的两个耳朵定位（图4），用手指涂抹出耳朵（图5）；点出熊猫的眼睛定位（图6），涂抹出熊猫眼睛（图7）；点出熊猫的嘴（图8），描出熊猫身子的轮廓（图9）；最后点出熊猫后肢的位置（图10），用手指涂抹出熊猫后肢（图11）。

2. 竹子。用墨绿色果酱画出竹子的定位（图12），用小刀刮出竹节（图13），继续描出竹枝（图14），用细笔沾上墨绿色果酱描出竹叶（图15）。

3. 成品（图16）。

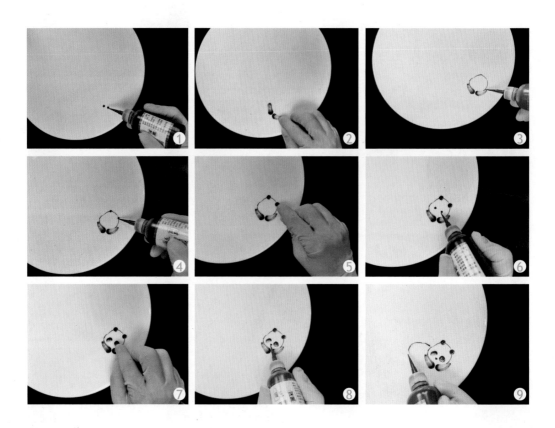

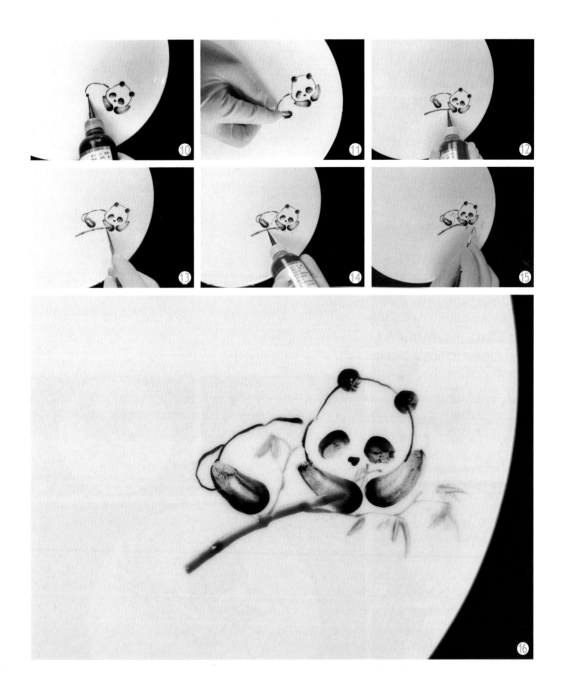

鹰击长空

1. 白描。在盘中用浅黑色果酱描出老鹰的轮廓（图1）。

2. 涂色。用棉签沾着深黑色果酱和浅黑色果酱涂抹鹰头、鹰眼、鹰嘴，用白色果酱配合透明果酱点出鹰眼的明眸，用棉签逐层拉出颈毛的锯齿状，最后用白色果酱勾勒出鹰背部的羽毛轮廓（图2），用同样方法勾勒出鹰腹部的羽毛（图3），用棉签沾上深黑色果酱从尾羽处倒过来涂色，用深黑色果酱勾勒出羽毛的轮廓，同时用浅黑色果酱勾画鹰爪的纹理，用深黑色果酱勾勒出鹰爪的轮廓（图4），用浅黑色果酱涂抹老鹰的翅膀，用深黑色果酱勾画出羽毛的形状（图5），用同样方法涂抹、勾画出一只完整的翅膀（图6）。再用同样方法涂抹、勾画另一只翅膀（图7、图8）。

3. 成品（图9）。

鸳鸟回眸

1.白描。在白色平盘上用黑色果酱描画出鸳鸟的图案（图1）。

2.上色。用洋红色果酱配合黄色果酱、蓝色果酱、黑色果酱涂抹鸟嘴和头顶的冠，用黑色果酱和白色果酱描画、勾勒出脖子附近的羽毛（图2）；鸟脖处用暗红色果酱配合黄色果酱、黑色果酱涂抹出层次，眼睛用白色果酱涂抹打底，点上黑色果酱，眼珠上点上透明果酱亮色，眼睑处点出逐渐变小的点点（图3）；鸟下巴处用黑色果酱配合蓝色果酱涂抹均匀（图4）；用黄色果酱、红色果酱涂抹翅膀和鸟腹部，用黑色果酱勾勒出纹路（图5）；用绿色果酱、黑色果酱涂抹背部羽毛，用黑色果酱涂抹尾羽，用白色果酱勾勒出羽毛的纹路（图6），用黑色果酱配合绿色果酱涂抹尾羽，用红色果酱涂抹落花（图7），用浅红色果酱润染花瓣，用蓝色果酱画出水纹（图8）；翅膀边缘点上黑色的点点。

3.成品（图9）。

（三）其他类果酱画

端午粽子

1.白描。在盘子中间用黑色果酱描画出粽子和粽叶的轮廓（图1），继续描出鸭蛋的轮廓（图2）。

2.涂色。用草绿色果酱将粽子涂色（图3、图4）；用墨绿色果酱描涂铺在粽子下方的粽叶（图5），再用草绿色果酱间色填涂（图6），用枯黄色果酱涂抹捆粽子的绳子（图7），

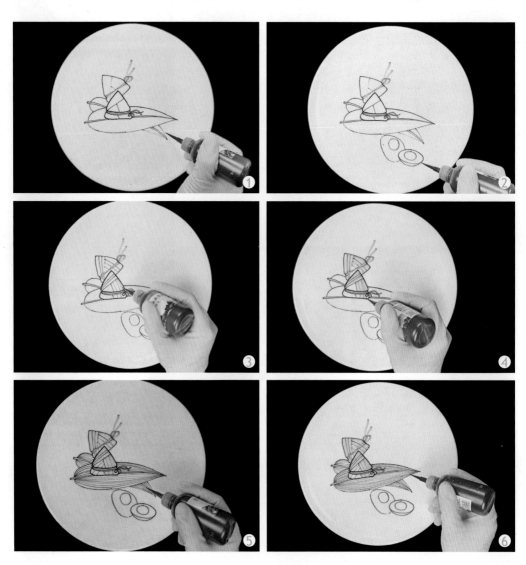

用红色果酱配合枯黄色果酱涂鸭蛋黄（图8），用白色果酱涂抹鸭蛋白（图9）；用枯黄色果酱涂粽叶的梗（图10）。

3. 成品（图11）。

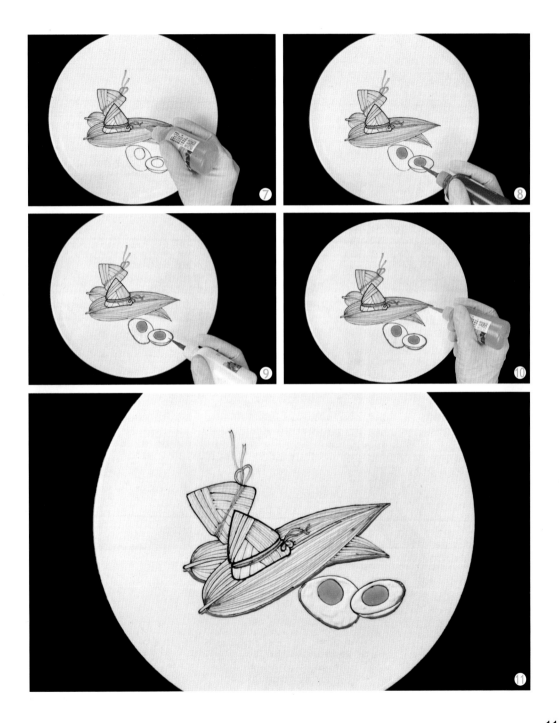

寄情山水

1. 山脉。在盘子上方用黑色果酱配合褐色果酱描画出远山（图1），用手掌的掌根部位涂抹晕染（图2）；用黑色果酱配合天蓝色果酱描画出近山（图3），再用掌根部位涂抹晕染（图4），分别用褐色果酱和黑色果酱勾勒出远山和近山的轮廓（图5），用褐色果酱在近山处随意画出平行的线条（图6），用手指涂抹晕染（图7）。

2. 树枝。用黑色果酱描画出近山上的树枝（图8），用红色果酱点出树枝上红色果实（图9）。

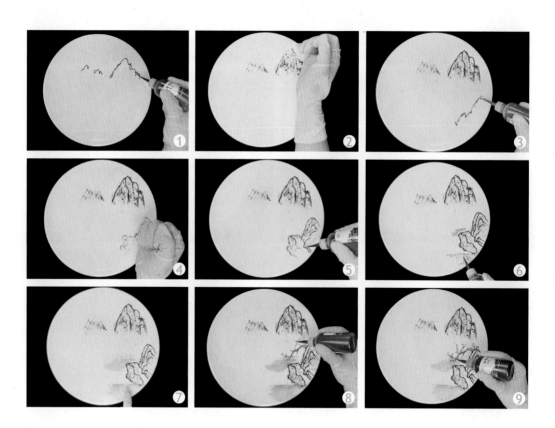

3. 芦苇。在近山处用褐色果酱配合黑色果酱勾勒出芦苇的形状（图 10）。

4. 水波。用黑色果酱画出水波（图 11）。

5. 船与钓鱼翁。用黑色果酱和天蓝色果酱等画出船和钓鱼翁（图 12）。

6. 雾霭。用天蓝色果酱画出远山下方的蓝色横条（图 13），用手指涂抹晕染（图 14）。

7. 成品（图 15）。

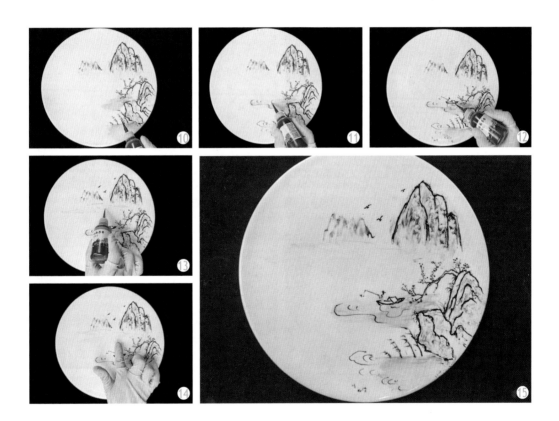

美人抚扇

1. 白描。用黑色果酱描出人物和扇的轮廓（图1）。

2. 涂色。用褐色果酱配合黑色果酱描画出头发的颜色（图2），用黑色果酱描出发髻，描画出眉毛和睫毛（图3），用天蓝色果酱描出发髻上的饰物（图4），用深黄色果酱、黄色果酱、玫红色果酱等配合使用描画晕染面颊上和耳朵的肤色（图5），用深红色果酱涂抹脖子后的衣领；用深红色果酱、暗红色果酱配合使用涂抹出口红（图6），用深红色果酱和玫红色果酱等画出衣服上的纹饰（图7）。

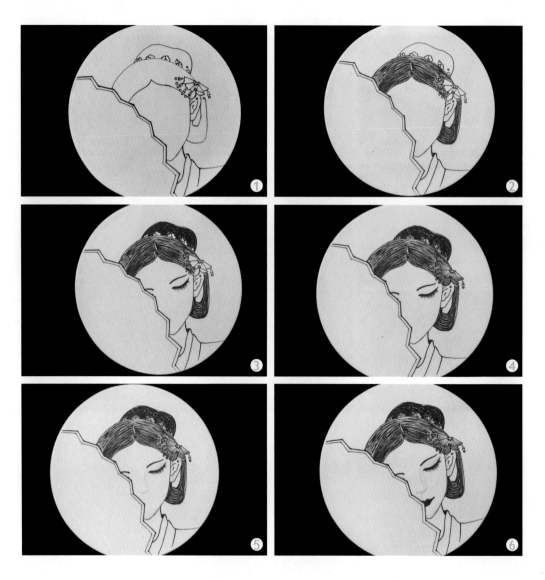

3. 扇子。用天蓝色配合白色果酱涂抹扇子边缘的线条（图8），用牙签涂抹出扇面上的纹路，边缘用黄色果酱点缀（图9）；扇面用墨绿色果酱点缀（图10）。扇面再用黄色果酱点缀。眉心处用深红色果酱点上一点。

4. 成品（图11）。

仕女撑伞

1. 白描。在盘子一侧，用黑色果酱描出仕女撑伞的轮廓（图1）。

2. 涂色。用红色果酱涂抹衣服的颜色，用白色果酱在衣服上点出白点，用黑色果酱从袖窿至下袖口处画一条弧线（图2）；用红色果酱配合黄色果酱涂抹出伞的颜色（图3），用黑色果酱勾勒出伞骨（图4），用墨绿色果酱和浅蓝色果酱涂抹出裙摆（图5），用黄色果酱配合浅粉红色果酱涂抹出脸上和手上的肤色，用黄色果酱点上裙摆上的流苏（图6），用黑色果酱配合白色果酱描画出仕女的飘飘长发。

3. 成品（图7）。

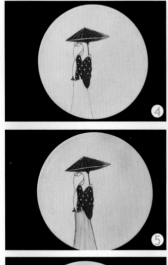

秀女顾盼

1.白描。在盘子一侧，用黑色果酱描出秀女的轮廓（图1）。

2.涂色。用浅粉红色果酱和白色果酱涂抹面颊和耳朵等部位（图2），用黑色果酱描画眉毛，点上眼睛，勾画睫毛，用白色果酱点上明眸（图3），用黑色果酱配合褐色果酱勾画出刘海部位（图4），然后勾画出头顶的发丝（图5），继续勾画出其他发丝（图6、图7），用天蓝色果酱和浅蓝色果酱描画出头上的发夹（图8），用红色果酱涂抹嘴唇（图9）。

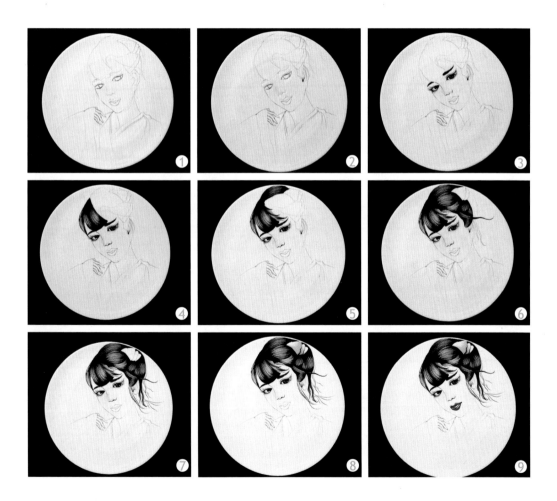

　　用红色果酱、黄色果酱、嫩绿色果酱、浅蓝色果酱等涂抹衣袖上的渐变色以及手指上的浅粉色，并用黑色果酱描画出袖口线条（图10），用白色果酱和浅粉色果酱涂抹脖子，用黑色果酱和浅蓝色果酱等涂抹衣襟，用黄色果酱配合红色果酱涂抹一侧衣服的肩部（图11），最后用红色果酱、黄色果酱、嫩绿色果酱、浅蓝色果酱等涂抹另一侧衣服上的渐变色。

　　3. 成品（图12）。